Dipl.-Ing. Frank Arbeiter

Drehen und Fräsen
– Grundlagen und praktische Anwendung –

Dipl.-Ing. Frank Arbeiter

Drehen und Fräsen

– Grundlagen und praktische Anwendung –

Neckar-Verlag • Villingen-Schwenningen

ISBN 978-3-7883-0676-2

4. unveränderte Auflage 2011

Printed in Germany by Konrad Triltsch GmbH, Ochsenfurt-Hohestadt

Inhalt

Vorwort 8

1. Begriffe 10
1.1. Allgemeines 10
1.1.1. Bewegungen beim Zerspanvorgang 10
1.1.2. Schruppen, Schlichten 11
1.1.3. Toter Gang 11
1.1.4. Achsen 12
1.1.5. Halbzeug 13
1.2. Drehen 13
1.3. Fräsen 14
1.3.1. Stirnfräsen 14
1.3.2. Umfangsfräsen 14
1.3.2.1. Gegenlauffräsen 14
1.3.2.2. Gleichlauffräsen 15
1.4. Fräsen mit der Drehmaschine 17
1.5. Toleranzen 17
1.6. Sonstiges 20

2. Werkzeuge 21
2.1. Drehmeißel 21
2.1.1. Schneidstoffe/ handelsübliche Ausführungen 21
2.1.2. Schneiden und Winkel am Drehmeißel 23
2.1.3. Drehmeißelformen 25
2.1.3.1. Rechte und linke Drehmeißel 25
2.1.3.2. Außendrehmeißel 25
2.1.3.2.1. Rechter Seitendrehmeißel 25
2.1.3.2.2. Spitzschlichtdrehmeißel 28
2.1.3.2.3. Abstechdrehmeißel 28
2.1.3.2.4. Plandrehmeißel 30
2.1.3.2.5. Radiusdrehmeißel für Außenradien 30
2.1.3.3. Innendrehmeißel 33
2.1.3.3.1. Bohrstange mit Schneideinsätzen 33
2.1.3.3.2. Innendrehmeißel aus HSS 33
2.1.3.4. Allgemeines zum Schleifen 35
2.1.4. Höheneinstellung des Drehmeißels 36
2.2. Fräser 39
2.2.1. Schneidstoffe 39
2.2.2. Fräserformen 41
2.2.3. Schneiden und Winkel am Fräser 44
2.3. Spiralbohrer 44
2.3.1. Schneidstoffe 44
2.3.2. Spiralbohrerformen 45
2.4. Zentrierbohrer 47
2.5. Gewindewerkzeuge 48
2.5.1. Gewindebohrer 48
2.5.2. Schneiden von Muttergewinden (Maschinengewindebohrer) 50

2.5.3. Schneideisen 51
2.5.4. Schneiden von Bolzengewinden 51
2.5.5. Schmierung beim Gewindeschneiden 53
2.6. Reibahlen 54
2.7. Kegelsenker 55
2.8. Bezugsquellen 55

3. Messgeräte 57
3.1. Messschieber 57
3.2. Ablesen von Nonien 58
3.3. Bügelmessschraube 61
3.4. Haarwinkel/Haarlineal 61
3.5. Messuhr 61
3.6. Fühlhebelmessgerät 61
3.7. Ausrichten mit Messuhr/Fühlhebelmessgerät 62
3.7.1. Ausrichten von geraden Kanten 62
3.7.2. Rundlauf 64
3.7.2.1. Ausrichten des Futters auf Rundtischen 65
3.7.2.2. Ausrichten von langen Werkstücken im Dreibackenfutter 67
3.8. Nullpunkt suchen 67
3.8.1. Gerade Kanten als Bezug 69
3.8.1.1. Ankratzen 69
3.8.1.2. Antasten mit festem Stift 69
3.8.1.3. Antasten mit Kantentaster 69
3.8.2. Zylindrische Formelemente als Bezug 71
3.8.2.1. Anfahren einer Bohrungsachse mit einem zum Bohrungsdurchmesser passenden Stift 71
3.8.2.2. Anfahren einer Bohrungsachse mit einer Fühlhebelmessuhr 72

4. Spannzeuge und sonstiges Zubehör 73
4.1. Dreibackenfutter 73
4.1.1. Spannen im Dreibackenfutter mit hoher Rundlaufgenauigkeit 75
4.1.1.1. Weiche Backen 75
4.1.1.2. Zwischenring 76
4.1.1.3. Spanndorn 77
4.2. Spannzangenfutter 77
4.3. Schraubstock 79
4.4. Spanneisen 81
4.5. Rundtisch/Teilapparat 82
4.6. Spannzeuge und Werkzeuge mit Kegel 86

5. Unfallverhütung/Sicherheitsmaßnahmen 88

6. Sonstiges 91
6.1. Beschädigungen des Fräsmaschinentisches/Abziehstein 91
6.2. Schleifmittel 92
6.3. Kühlschmiermittel 92
6.4. Rattermarken 93
6.5. Mindestspandicke 94
6.6. Anreißen 94

7. Bau des Heißluftmotors ... 96
7.1. Verdrängerzylinder ... 96
7.1.1. Zylinderrohr (19) ... 96
7.1.2. Deckel (18) ... 100
7.1.3. Kühlrohr (13) ... 100
7.1.4. Montage ... 102
7.2. Gehäuse (1) ... 102
7.3. Stehlager (3) ... 118
7.4. Lagerbock (2) ... 121
7.5. Umlenkhebel (4) ... 123
7.6. Schwungrad (5) ... 126
7.6.1. Drehen des Grundkörpers ... 126
7.6.2. Fräsen der Speichen ... 137
7.6.3. Keilnut stoßen ... 142
7.7. Arbeitszylinder (6) ... 143
7.8. Kolben (15) ... 158
7.9. Lagerstück (14) ... 160
7.10. Lagerdeckel (7) ... 160
7.11. Pleuel ... 161
7.11.1. Pleuelstange (9/10) ... 161
7.11.2. Lagerhalter (11) ... 168
7.11.3. Lager (36) ... 169
7.11.4. Montage ... 171
7.12. Kurbel (20) ... 171
7.13. Zugstange (24) ... 173
7.14. Verdrängerkolben (17) ... 175
7.15. Kolbenstange (12) ... 177
7.16. Kurbelwelle (8) ... 179
7.16.1. Biegevorrichtung ... 179
7.16.2. Biegen der Kurbelwelle ... 179
7.16.3. Fertigbearbeiten der Kurbelwelle ... 182
7.17. Keil (38/39) ... 184
7.18. Lager (32), (33), (34), (35) ... 184
7.19. Kleinteile ... 186
7.20. Mitnehmer (23) ... 186
7.21. Schrauben, Muttern ... 186
7.22. Oberflächenbehandlung ... 187
7.22.1. Finishbearbeitung ... 187
7.22.2. Gussstruktur (durch Sandstrahlen) ... 188
7.22.3. Lackieren, Schwärzen usw. ... 188
7.23. Montage des Motors ... 189

8. Inbetriebnahme des Motors ... 190

9. Anhang ... 191
9.1. Stückliste ... 191
9.2. Werkstoffliste
(reduzierte Anzahl von Halbzeugabmessungen) ... 193
9.3. Halbzeug-Normen ... 194
9.4. Werkzeugwinkel Schnittgeschwindigkeiten ... 194

Vorwort

Viele Drehmaschinen und Fräsmaschinen, die für den Hobbybereich gekauft werden, ereilt früher oder später das gleiche Schicksal: Sie stehen ungenutzt herum. Es ist ja auch viel leichter, davon zu träumen, was man mit einer (noch nicht vorhandenen) Maschine so alles anfangen könnte, als die Träume nach dem Kauf der Maschine in ein befriedigendes Ergebnis umzusetzen. Verwunderlich ist das aber nicht. Drehen und Fräsen gehört nun einmal nicht zu den angeborenen Fähigkeiten eines Menschen, es muss erlernt werden.

Misserfolge beim Drehen und Fräsen beruhen immer wieder auf einigen wenigen Ursachen. Bei komplizierten Teilen besteht die größte Schwierigkeit in der Planung einer sinnvollen Bearbeitungsreihenfolge – das Werkstück muss sich schließlich mit möglichst einfachen Werkzeugen fertigen und auch beim letzten Bearbeitungsschritt noch spannen lassen. Beim Drehen kommt noch hinzu, dass die Bedeutung des Drehmeißelanschliffs unterschätzt wird.

So richtet sich dieses Buch insbesondere an den Anfänger und soll ihm die grundlegenden Kenntnisse des Drehens und Fräsens vermitteln. Doch auch für den fortgeschrittenen Modellbauer enthält das Buch nützliche Tipps und Hinweise.

Zunächst werden einige immer wieder anzutreffende Begriffe erläutert sowie Werkzeuge und Arbeitsweisen beim Drehen und Fräsen vorgestellt. Der theoretische Hintergrund wird in vereinfachter Form nur dort dargestellt, wo es für das Verständnis unbedingt notwendig ist. Auf Themen, die schon in meinem Buch „Besseres Drehen und Fräsen“ (erschienen ebenfalls im Neckar-Verlag, Best.-Nr. 110) ausführlich behandelt wurden, wird hier nicht näher eingegangen.

Im zweiten Teil des Buchs wird der Bau eines Heißluftmotors aus handelsüblichem Halbzeug so beschrieben, dass die grundlegenden Techniken in sinnvoller Weise geübt werden können.

Auch wenn einige fertige Teile des Heißluftmotors auf den ersten Blick sehr kompliziert aussehen, so sind sie doch das Ergebnis vieler einfacher Bearbeitungsschritte. Durch die ausführliche Beschreibung der Bearbeitungsreihenfolge sollte es jedem mit etwas Geduld gelingen, ein hinsichtlich Funktion und Optik befriedigendes Modell herzustellen. Zudem besteht auch noch die Möglichkeit, die Teile zu vereinfachen. Da ein Buch aber eigene Erfahrungen nicht ersetzen kann, sollte man sich nicht entmutigen lassen, wenn ein Teil auch einmal erst nach mehreren Anläufen gelingt.

Um den Umfang des Buches in akzeptablen Grenzen zu halten, werden ein gewisses Maß an technischem Verständnis und die Kenntnis der wichtigsten Grundbegriffe aus dem Bereich der Metallbearbeitung vorausgesetzt. Was beispielsweise ein Gewindebohrer oder Oberschlitten ist, sollte man schon wissen.

Dem aufmerksamen Leser wird beim Durchsehen des Buches auffallen, dass auf den Abbildungen, die Bearbeitungssituationen darstellen, verschiedene Maschinen zu sehen sind:

Die *Myford Speed 10* (Nachfolgetyp: *Diamond 10*) ist eine gut durchdachte, inzwischen aber leider unverhältnismäßig teure Drehmaschine. Die Schwalbenschwanzführung des Maschinenbettes hat zwar den Nachteil, dass die Späne auf ihr liegen bleiben, sorgt aber beim Fräsen mit dem winkelverstellbaren Frässchlitten für eine brauchbare Steifigkeit. Dennoch darf man natürlich keine zu große Zerspanleistung beim Fräsen erwarten.

Wenn man einmal von einigen extrem teuren Fräsmaschinen aus der Schweiz absieht, ist die *GOLmatic MD23* die zur Zeit leistungsfähigste und präziseste Tischfräsmaschine (d.h. ohne integriertes Untergestell), die im Handel ist. Sie lässt sich relativ schnell zur Mechanikerdrehmaschine umrüsten. Die hohe Steifigkeit, die die *MD23* als Fräsmaschine haben muss, führt beim Drehen zu einer erstaunlichen Zerspanleistung. Das mitgelieferte reichhaltige Zubehör sowie das weitere Zubehörprogramm runden den positiven Eindruck noch ab.

Mit jeder der beiden Maschinen ist die Fertigung des Heißluftmotors möglich. Man sollte sich aber darüber im Klaren sein, dass das jeweils zusätzlich mögliche Fertigungsverfahren (Fräsen bei der *Myford*, Drehen bei der *GOLmatic*) gewissen Einschränkungen hinsichtlich Bedienungskomfort, Möglichkeiten und evtl. Zerspanleistung unterworfen ist. Normalerweise würde ich deshalb die *GOLmatic* bevorzugt beim Fräsen und die *Myford* bevorzugt beim Drehen einsetzen. Wenn ich mich aber zwischen den beiden Maschinen entscheiden müsste, würde ich eindeutig die *GOLmatic* bevorzugen.

Selbstverständlich ist die Fertigung des Heißluftmotors auch mit anderen Maschinen möglich, vorausgesetzt die jeweiligen Bearbeitungsschritte sind auf der vorhandenen Maschine überhaupt möglich.

1. Begriffe

Wie in vielen Bereichen gibt es auch beim Drehen und Fräsen einige Fachbegriffe, die (in den meisten Fällen) die Verständigung erleichtern. Einige dieser Begriffe werden im Folgenden kurz erläutert.

1.1. Allgemeines

1.1.1. Bewegungen beim Zerspanvorgang

Schnittbewegung, Schnittgeschwindigkeit

Die Schnittbewegung ist die Bewegung, ohne die ein Zerspanen nicht möglich wäre. Beim Drehen wird sie durch die Drehbewegung des Werkstücks, beim Fräsen und Bohren durch die Drehbewegung des Werkzeugs (Fräser, Bohrer etc.) erzeugt. Die Schnittgeschwindigkeit ist dementsprechend diejenige Geschwindigkeit, die sich aus der Schnittbewegung zwischen einem betrachteten Schneidenpunkt des Werkzeugs und dem Werkstück ergibt. Aus dieser Definition wird schon ersichtlich, dass die Schnittgeschwindigkeit nicht an allen Punkten einer Schneide gleich groß sein muss. Deutlich wird dies, wenn man sich beispielsweise die Abläufe beim Bohren anschaut. Der Schneidenpunkt exakt im Zentrum des Bohrers (also in der Mitte) bewegt sich nicht, egal, wie schnell sich der Bohrer dreht – hier ist die Schnittgeschwindigkeit also gleich Null. Dahingegen ist die Schnittgeschwindigkeit am äußersten Schneidenpunkt (also am Umfang des Bohrers) am größten. Für die Einstellung der Werkstück- bzw. Werkzeugdrehzahl legt man aber im Allgemeinen einen Schneidenpunkt zugrunde, der die neu entstehende Werkstückfläche erzeugt.

Bohren, Reiben, Fräsen:	Durchmesser des Werkzeuges
Längsdrehen:	Durchmesser des zu fertigenden zylindrischen Ansatzes

$$\textit{Drehzahl}\,[U/\text{min}] = \frac{1000 \cdot \textit{Schnittgeschwindigkeit}\,[m/\text{min}]}{\pi \cdot \textit{Durchmesser}\,[\text{mm}]}$$

Vorschubbewegung, Vorschubgeschwindigkeit, Vorschub, Zahnvorschub

Die Vorschubbewegung ist die Bewegung, durch die dem Werkzeug (z.B. Drehmeißel, Fräser) „neuer Werkstoff“ zum Zerspanen zugeführt wird. Dabei kann die Vorschubbewegung durch eine Bewegung des Werkstücks, durch eine Bewegung des Werkzeugs oder eine kombinierte Bewegung von Werkstück und Werkzeug erzeugt werden. Die zugehörige Geschwindigkeit heißt Vorschubgeschwindigkeit.

Ein weiterer Begriff ist der „Vorschub“. Der Vorschub ist der Vorschubweg je Umdrehung des Werkstücks (Drehteil) bzw. des Werkzeugs (Fräser). In Vorschubtabellen für Fräser sind oft Werte für den Zahnvorschub angegeben. Der Zahnvorschub ist der Vorschubweg je Zahn und Umdrehung des Fräsers. Wenn man die Zähnezahl eines Fräsers mit dem Zahnvorschub multipliziert, erhält man also den Vorschub.

Zustellbewegung:

Mit der Zustellbewegung wird die Dicke der zu zerspanenden Schicht bzw. die Schnitttiefe bestimmt.

Anstellbewegung:

Mit der Anstellbewegung wird das Werkzeug an das Werkstück herangeführt. Hin und wieder wird man dem Begriff „Ankratzen“ begegnen. Man versteht darunter eine Anstellbewegung, bei der sich Werkstück und Werkzeug gerade berühren. Den so ermittelten Punkt kann man dann als Ausgangspunkt für weitere Bewegungen nutzen.

Beim Ankratzen wird das Werkzeug (Drehmeißel, Fräser, etc.) behutsam so weit an das Werkstück heranbewegt, bis gerade eine Berührung stattfindet – das Werkzeug kratzt so eben an der Werkstückoberfläche, ohne dass ein nennenswerter Span abgenommen wird. Beim Fräsen achtet man auf die Berührungsspuren am Werkstück. Beim Drehen gibt es zwei Möglichkeiten. Wenn man den Drehmeißel im Schneidenbereich vor dem Ankratzen sorgfältig von Spänen befreit und das Werkstück trocken ist, kann man im Moment der Berührung sehen, dass ganz feine Späne an der Schneide entstehen. Wenn das Drehteil in dem Bereich, in dem man ankratzen will, absolut schlagfrei läuft, kann man auch auf die feine Spur achten, die die Drehmeißelschneide beim Berühren erzeugt. Bei leise laufenden Maschinen kann man das „Ankratzen“ sogar hören.

1.1.2. Schruppen, Schlichten

Bezogen auf die Güte der erzeugten Oberfläche unterscheidet man bei allen zerspanenden Fertigungsverfahren:

Schruppen:

Beim Schruppen wird eine grobe Oberfläche erzeugt. Geschruppt wird im Allgemeinen, wenn viel Material abzutragen ist. Die Vorschübe und Schnitttiefen werden möglichst groß gewählt (begrenzt durch Maschine, Werkzeug und Werkstück). Wenn an die entstehenden Flächen besondere Anforderungen an die Funktion und/oder Optik gestellt werden, „lässt man etwas Material stehen“ (Schlichtaufmaß), das dann im nachfolgenden Bearbeitungsgang (Schlichten) zerspant wird.

Schlichten:

Beim Schlichten werden mittlere Oberflächen erzeugt. Alle die Zerspanung beeinflussenden Größen werden so gewählt, dass die gewünschte Oberflächenqualität entsteht.

1.1.3. Toter Gang

Die Vorschubbewegung wird in der Regel durch eine Gewindespindel in Verbindung mit einer Spindelmutter erzeugt. Bei den meisten Maschinen kann man beobachten, dass die Vorschubkurbel beim Ändern der Drehrichtung zunächst etwas gedreht werden kann, bevor sich der zugehörige Maschinenschlitten bewegt. Man könnte den Maschinenschlitten auch anpacken und versuchen, ihn in seiner Verfahrrichtung hin- und herzubewegen. Wenn man genügend Kraft aufbringen kann, um die Reibung zu überwinden, sieht man, dass sich der Schlitten etwas bewegen lässt. Dieses Spiel setzt sich zusammen auf dem Spiel zwischen Gewindespindel und Spindelmutter („toter Gang“) und dem Spiel in der Spindellagerung. Da das Spiel in der Spindellagerung nicht isoliert in Erscheinung tritt, wird meistens das gesamte Spiel als „toter Gang“ bezeichnet.

Beim Gleichlauffräsen kann sich dieser tote Gang unangenehm bemerkbar machen. Bei einigen Maschinen kann man deshalb nicht nur das Spiel der Spindellagerung sondern auch das Spiel zwischen Gewindespindel und Spindelmutter einstellen.

Der tote Gang hat zunächst einige Konsequenzen für die Einhaltung von Maßen. Ein leicht nachzuvollziehendes Beispiel möge dies verdeutlichen. Man verfährt den Maschinenschlitten ein Stück in eine Richtung, stoppt und stellt die Skala der zugehörigen Vorschubspindel auf Null. Dann verfährt man den Maschinenschlitten in der gleichen Richtung um einen bestimmten Weg (z.B. Länge einer Nut). Wenn man dann den Maschinenschlitten so weit zurück bewegt, dass die Skala wieder auf Null steht, wird man feststellen, dass der Maschinenschlitten noch nicht an der Ausgangsposition steht. Vielmehr muss man die Vorschubkurbel noch um den toten Gang weiter drehen, damit der Schlitten wieder die Ausgangsposition erreicht. Beim Fräsen rechteckiger Aussparungen tritt dieser Effekt in beiden Bewegungsrichtungen auf – man muss schon sehr konzentriert arbeiten, wenn man keinen Ausschuss produzieren will.

Wer das Glück hat, eine Digitalanzeige an der Maschine zu haben, braucht sich, zumindest für die Einhaltung von Maßen, nicht um den toten Gang kümmern. Die Digitalanzeige zeigt immer die aktuelle Schlittenposition an.

Andernfalls sollte einmal der tote Gang für alle Achsen ermittelt werden. Eine Messuhr wird so angebracht, dass die Bewegung des Schlittens in der gewählten Richtung gemessen wird. Mit der Vorschubkurbel bewegt man den Schlitten so weit, dass die zugehörige Skala einen glatten Wert (oder „0“) anzeigt. Dann dreht man die Vorschubkurbel in die entgegengesetzte Richtung, bis sich der Schlitten und damit auch der Zeiger der Messuhr zu bewegen beginnt. Die Anzahl der Skalenstriche, um die man die Kurbel bis zum Bewegungsbeginn zurückdrehen musste, entspricht dem toten Gang.

Beim Fräsen hat der tote Gang noch weitere Auswirkungen. Mehr dazu findet man in Kap. 1.3.2.2.

1.1.4. Achsen

Der Begriff „Achse“ wird vielfältig benutzt. Die exakte Bedeutung ergibt sich meistens aus dem Zusammenhang. Mit „Achse“ wird nicht nur ein konkretes Bauteil (z.B. Wagenachse) bezeichnet, sondern auch eine gedachte Linie, um die sich ein Bauteil dreht bzw. um die ein Bauteil rotationssymmetrisch aufgebaut ist. Bei Werkzeugmaschinen (z.B. Drehmaschine, Fräsmaschine) wird mit einer Achse eine durch die Konstruktion der Maschine vorgegebene Bewegungsmöglichkeit des Werkzeugs bzw. des Werkstücks beschrieben. Dabei kann es sich sowohl um rotatorische Achsen (Drehachsen) als auch um linear bewegte Achsen handeln. Die drei linearen Achsen x, y, und z stehen senkrecht zueinander.

Im Sprachgebrauch wird mit „Achse“ auch die Gesamtheit der Bauteile bezeichnet, mit denen die jeweilige Bewegung ermöglicht wird. Das „Bewegen der x-Achse“ heißt also, dass man z.B. den Fräsmaschinentisch durch Drehen der entsprechenden Vorschubkurbel in der x-Richtung bewegt. Die Bezeichnung der Achsen hat bei manuell bedienten Maschinen keine große Bedeutung. Man sollte sich aber merken, dass bei Fräsmaschinen die z-Achse stets mit der Drehachse des Fräsers übereinstimmt. Die positive Richtung (+z) ist die Rückzugsrichtung. Die x- und y-Achsen sind demnach die Achsen, mit denen eine Bewegung quer zur Fräserachse möglich ist. Bei der *GOLmatic* sind dies die beiden Bewegungsachsen des Fräsmaschinentisches.

1.1.5. Halbzeug

Unter Halbzeug versteht man durch Walzen, Ziehen, Pressen oder andere Verfahren hergestellte Profile, Stäbe, Rohre, Bleche usw., die über die Länge einen gleich bleibenden Querschnitt haben.

1.2. Drehen

Bezogen auf die Art der entstehenden Werkstückfläche unterscheidet man:

<u>Runddrehen:</u>
Es wird eine kreiszylindrische Fläche erzeugt, die die gleiche Achse wie die Drehachse hat (koaxial). Dieser Begriff entspricht zwar der Norm, wird aber im üblichen Sprachgebrauch nicht verwendet, da Runddrehen als Normalfall beim Drehen angesehen wird.

<u>Plandrehen:</u>
Es wird eine ebene Fläche erzeugt, die senkrecht zur Drehachse liegt.

<u>Schraubdrehen:</u>
Es entstehen schraubenförmige Flächen (z.B. Gewinde beim Gewindedrehen).

<u>Profildrehen:</u>
Beim Profildrehen wird ein Drehmeißel verwendet, dessen Profil dem Werkstückprofil entspricht. Ein Beispiel ist das Einstechen von Nuten (Einstechdrehen).

<u>Formdrehen:</u>
Beim Formdrehen entsteht das Werkstückprofil durch die Bewegung des Drehmeißels, wobei das Profil des Drehmeißels nicht dem Werkstückprofil entspricht. Ein Beispiel hierfür ist das Drehen von Kegeln durch Schwenken des Oberschlittens.

Bezogen auf die Vorschubrichtung unterscheidet man:

<u>Längsdrehen:</u>
Die Vorschubrichtung liegt parallel zur Drehachse des Werkstücks.

<u>Querdrehen:</u>
Die Vorschubrichtung liegt senkrecht zur Drehachse des Werkstücks.

Bezogen auf die Lage der erzeugten Oberfläche am Werkstück unterscheidet man:

<u>Außendrehen:</u>
Unter Außendrehen sind alle Drehverfahren zusammengefasst, die am Werkstück außen liegende Flächen erzeugen.

<u>Innendrehen:</u>
Unter Innendrehen sind alle Drehverfahren zusammengefasst, die am Werkstück innenliegende Flächen erzeugen.

Weitere Begriffe sind:

Abstechen:
Mit „Abstechen“ bezeichnet man das Abtrennen eines Werkstückes vom im Futter verbleibenden Reststück. In den meisten Fällen ist das Abstechen ein Quer-Plandrehen.

Einstechen:
Das „Einstechen“ gehört zum Profildrehen und bezeichnet das Einbringen einer Nut in das Werkstück.

Zwischen den Gruppen von Begriffen können nun Kombinationen zur exakten Beschreibung des Drehverfahrens gebildet werden. Im Sprachgebrauch ist ein Teil dieser Begriffe aber nicht üblich. Üblich sind meistens nur Teile des gesamten Begriffes: z.B. „Längsdrehen“ für „Längs-Rund-Drehen“.

1.3. Fräsen

Auch die Fräsverfahren kann man wie die Drehverfahren nach der Art der entstehenden Werkstückfläche gliedern (Rundfräsen, Planfräsen, Schraubfräsen, etc.).

Für die Praxis aber wesentlich wichtiger ist die Unterscheidung zwischen Stirnfräsen und Umfangsfräsen. Das Kriterium hierfür ist die Lage der Fräserachse zur erzeugten Werkstückoberfläche.

1.3.1. Stirnfräsen

Die Fräserachse steht senkrecht zur erzeugten Werkstückoberfläche (Bild 28). Die Stirnfläche des Fräsers bewegt sich also direkt über die erzeugte Werkstückoberfläche. Der Werkstoff wird aber hauptsächlich von den Umfangsschneiden zerspant.

1.3.2. Umfangsfräsen

Die Fräserachse steht parallel zur erzeugten Werkstückoberfläche (Bild 37). Die Umfangsschneiden des Fräsers zerspanen den Werkstoff und bewegen sich direkt über die erzeugte Werkstückoberfläche.

Beim Umfangsfräsen unterscheidet man zwischen Gegenlauffräsen und Gleichlauffräsen. Beim Gleichlauffräsen macht sich der tote Gang unangenehm bemerkbar. Ausreichende Kenntnisse von beiden Verfahren sind daher von größter Bedeutung.

1.3.2.1. Gegenlauffräsen

(Abb. 1) Die Drehrichtung des Fräsers und die Vorschubrichtung sind entgegengesetzt. Die in Vorschubrichtung wirkende Komponente der Schnittkraft wirkt entgegen der Vorschubrichtung. Der Schlitten, der die Vorschubbewegung ausführt, wird also vom Fräser entgegen der Vorschubrichtung gedrückt. Zur Verdeutlichung kann man sich den Fräser in Abb.1 als Rad vorstellen, das auf dem Werkstück aufliegt und in der eingezeichneten Drehrichtung angetrieben wird. Der tote Gang macht sich nicht bemerkbar. Jeder Fräserzahn schabt zuerst über die gerade gefräste Werkstückoberfläche, bevor er in den Werkstoff eindringt. Dieser Schabevorgang bewirkt einen erhöhten Fräserverschleiß. Vorteile hat das Gegenlauffräsen beim

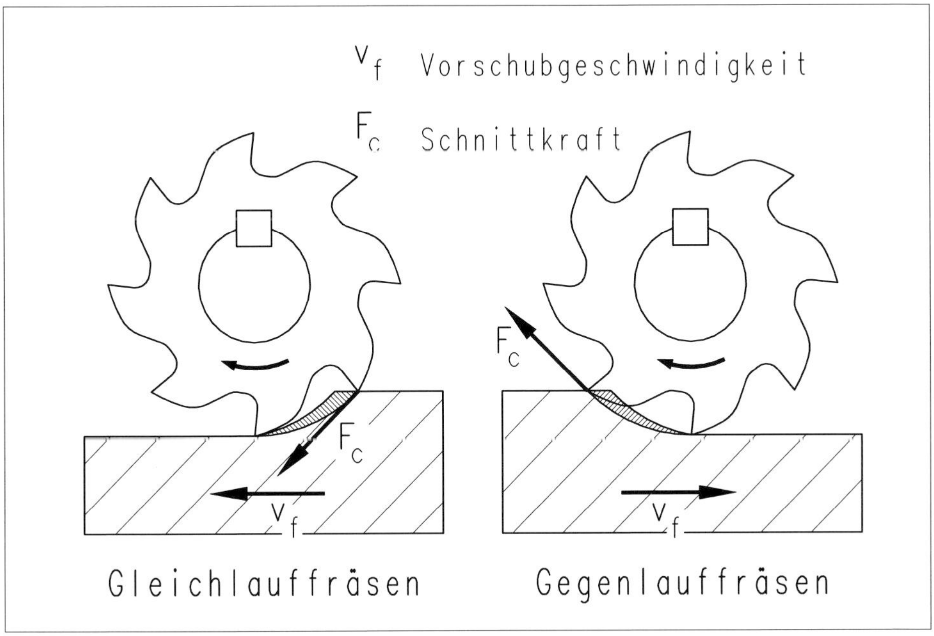

Abb. 1: Umfangsfräsen

Fräsen von Gussteilen, die noch die harte Gusshaut haben. Da die Fräserzähne von der fertig gefrästen Werkstückoberfläche her in den Werkstoff eindringen, wird die harte Oberfläche von „innen“ her aufgeschnitten und die Fräserzähne müssen nicht in die harte Oberfläche eindringen.

1.3.2.2. Gleichlauffräsen

(Abb. 1) Die Drehrichtung des Fräsers und die Vorschubrichtung sind gleichgerichtet. Die in Vorschubrichtung wirkende Komponente der Schnittkraft wirkt in der gleichen Richtung wie die Vorschubrichtung. Der Schlitten, der die Vorschubbewegung ausführt, wird also vom Fräser in Vorschubrichtung gezogen. Die Vorteile des Gleichlauffräsens sind in einer besseren Werkstückoberfläche und einer größeren Standzeit des Fräsers (Zeit, bis der Fräser stumpf ist) zu sehen. Wenn aber die Vorschubelemente (Gewindespindel, Spindelmutter, Lagerung der Gewindespindel) nicht spielfrei sind, sondern toten Gang aufweisen, tritt der Hauptnachteil des Gleichlauffräsens in Erscheinung:

Zur Verdeutlichung stellen wir uns vor, dass das Werkstück einige Zentimeter vom Fräser entfernt ist. Durch Drehen an der Vorschubkurbel bewegen wir den Fräsmaschinentisch (und damit das Werkstück) auf den Fräser zu. Wenn wir an einer beliebigen Stelle mit dem Kurbeln aufhören, können wir am Fräsmaschinentisch anpacken und ihn ein Stück (entsprechend dem toten Gang) in Richtung Fräser verschieben. Wir kurbeln aber stetig weiter in Richtung Fräser. Wenn dann ein Zahn des Fräsers auf das Werkstück trifft und einen Span abnimmt, wirkt ein Teil der bei der Spanabnahme auftretenden Schnittkraft in Vorschubrichtung auf das Werkstück. Wenn diese Kraft groß genug ist, wird sie den Fräsmaschinentisch ruckartig um den toten Gang in Vorschubrichtung weiterbewegen. Der nächste auf das Werkstück treffende Fräserzahn hat nun eine abzutrennende Schicht vor sich, die um den toten Gang dicker ist als durch den Vorschub geplant war. Falls der Fräser diese Spanabnahme überlebt haben sollte, wird der folgende Fräserzahn nichts zu tun haben – der vorangegangene Fräserzahn hat seine Arbeit schließlich schon erledigt. Erst wenn wir die Vorschubkurbel um den toten Gang weitergedreht haben und sich der Fräsmaschinentisch (nun wieder beabsichtigt) in Bewegung setzt, geht der ganze Vorgang von vorne los.

Ganz unangenehm wird dieses Verhalten, wenn die Kräfte durch den „zu dicken Span" so groß werden, dass das Werkstück in der Einspannung (z.B. Schraubstock) bewegt oder ganz aus der Einspannung gerissen wird. Nicht selten ist dann nicht nur der Fräser, sondern auch noch das Werkstück ruiniert. In Grenzen kann man allerdings mit nahezu jeder Maschine im Gleichlauf fräsen. Man muss nur darauf achten, dass die beim Fräsen entstehenden Kräfte nicht so groß werden, dass sie den Fräsmaschinentisch bewegen können. Mit kleinerem Durchmesser und größerem Spiralsteigungswinkel des Fräsers reduzieren sich die für das Gleichlauffräsen kritischen Schnittkräfte. Wenn es gar nicht anders geht, kann man zur Erhöhung der Reibungskräfte auch die Klemmungen der Tischführungen etwas anziehen.

Die Unterscheidung zwischen Gegenlauffräsen und Gleichlauffräsen hat noch eine weitere praktische Bedeutung. Die Schnittkraft (Fc) hat neben der in Vorschubrichtung wirkenden Komponente noch eine Komponente, die senkrecht dazu wirkt. Da weder der Fräser noch das Werkstück (und auch nicht die Maschine) vollkommen starr sind, wird diese Komponente der Schnittkraft eine Verlagerung des Fräsers in Bezug auf das Werkstück bewirken (oder auch andersherum). Beim Gleichlauffräsen wird der Fräser vom Werkstück weggedrückt, beim Gegenlauffräsen hingegen zieht er sich in das Werkstück hinein. Dementsprechend wird beim Gleichlauffräsen weniger Material, beim Gegenlauffräsen hingegen mehr Material als geplant weggefräst.

Da die Schnittkraft u.a. abhängig vom Vorschub (bzw. der Dicke des Spans) ist und die Vorschubgeschwindigkeit beim Vorschub von Hand nicht absolut gleichmäßig ist, wird die gefräste Fläche zudem nicht eben sein. Man muss daher gut aufpassen, dass man dem Fräser bei den letzten Schnitten nicht zu viel zumutet (Schnitttiefe), damit das Werkstück maßhaltig wird. Während sich der beim Gleichlauffräsen entstehende Fehler noch korrigieren lässt, wird das Werkstück beim Gegenlauffräsen zu klein.

Bei schlanken Fräsern (lang im Verhältnis zum Durchmesser) kann man außerdem bei zu großen Schnittkräften beobachten, dass die gefräste Fläche nicht eben wird, weil sich der Fräser unter der Schnittkraft wegbiegt.

Da auch beim Stirnfräsen die Umfangsschneiden des Fräsers den Werkstoff zerspanen, sind die Effekte des Gleichlauffräsens und Gegenlauffräsens auch hier mehr oder weniger ausgeprägt zu beobachten.

Beim Umfangsfräsen ins Volle (z.B. Nut) arbeitet der Fräser sowohl im Gegen- als auch im Gleichlauf. Da bei mehrschneidigen Fräsern mehrere Zähne gleichzeitig arbeiten, macht sich der tote Gang praktisch nicht bemerkbar. Von Bedeutung ist hier derjenige Teil der Schnittkraft, der quer zur Vorschubrichtung wirkt und den Fräser seitlich (bezogen auf die Vorschubrichtung) abdrängt. Wenn die zu fräsende Nut in der Breite dem Fräserdurchmesser entspricht, darf die Schnitttiefe nicht zu groß gewählt werden, damit die Nut auch an der geplanten Stelle (also nicht seitlich versetzt) entsteht und die Nutflanken eine saubere ebene Oberfläche bekommen.

1.4. Fräsen mit der Drehmaschine

Für viele Drehmaschinen, die im Modellbau verwendet werden, gibt es Frässchlitten, durch die die Drehmaschine eine zusätzliche Bewegungsachse in der senkrechten Richtung erhält. Bei einigen Fabrikaten wird der Oberschlitten mit Hilfe eines Winkels senkrecht auf dem Planschlitten montiert. Auf dem senkrechten Schlitten wird dann das Werkstück direkt oder mit Hilfe eines Schraubstocks befestigt. Der Fräser wird in das Dreibackenfutter oder in ein Spannzangenfutter gespannt. Beim Fräsen mit größeren Fräsern oder Schlagzähnen zur Erzeugung möglichst glatter Oberflächen sind aber einige Besonderheiten zu beachten.

Die Drehmaschinenspindel steht normalerweise nicht exakt rechtwinklig zur Bewegungsrichtung des Planschlittens. Dabei ist die Winkelabweichung so gewählt, dass sich beim Plandrehen stets eine konkave (hohle) Fläche ergibt. Wenn man ein Drehteil also auf der plangedrehten Fläche abstellt, wird es stets am Rand aufliegen – also nicht kippeln. Selbstverständlich darf diese Abweichung (laut Norm) nur sehr gering sein.

Wenn die zu bearbeitende Werkstückfläche größer als die Kreisfläche des Fräsers ist, wird jeder Zahn des Fräsers, nachdem er in Vorschubrichtung seine Zerspanarbeit beendet hat, über die schon gefräste Werkstückoberfläche zurückgeführt. Wenn für den Vorschub der Planschlitten benutzt wird, berührt der rücklaufende Fräserzahn abhängig von der Vorschubrichtung entweder die Werkstückoberfläche gar nicht oder nimmt noch einen Span von geringster Dicke ab – er „schneidet nach“. Da bei sehr geringer Spandicke aber selten gute Oberflächen entstehen, sollte man beim Schlichten diejenige Vorschubrichtung bevorzugen, bei der der rücklaufende Fräserzahn nicht nachschneidet. Dies ist der Fall, wenn das Werkstück vor dem Fräsen hinter der Drehachse des Fräser steht und dann auf den Bediener zu (nach vorne) bewegt wird. Ein Teil der Späne wird also in die Höhe (meistens auch noch in Richtung des Bedieners) geschleudert (Schutzbrille! Abdeckung etc.!). Nachteilig ist ferner, dass die Fräskräfte in diesem Fall so wirken, dass sie den Planschlitten vom Drehmaschinenbett abzuheben versuchen. Deshalb ist diese Vorschubrichtung (auf den Bediener zu) nur bei Schlichtarbeiten zu empfehlen.

1.5. Toleranzen

Spricht man einen Modellbauer auf Toleranzen und Passungen an, so wird man wohl in den allermeisten Fällen nur verständnislose Blicke ernten. Wenn ein Teil nicht so richtig mit den Maßen der Zeichnung übereinstimmt, wird halt das zugehörige andere Teil angepasst. Eine andere Möglichkeit, Toleranzen auszugleichen, besteht darin, einstellbare Bereiche vorzusehen (Langlöcher etc.). Bewährt hat sich auch das Verfahren, zusammengehörige Teile zu montieren und die entscheidenden Bereiche dann zusammen zu bearbeiten.

All diese Vorgehensweisen haben in gewissen Grenzen durchaus ihre Berechtigung. Es ist in vielen Fällen ja auch nicht nötig, ein defektes Teil ohne Aufwand durch ein neues ersetzen zu können. Bei größeren Projekten (z.B. Dampftraktoren) ist ein Toleranzausgleich insbesondere in Bereichen, wo viele Teile zusammenpassen müssen, nur bedingt möglich. Da die am Markt erhältlichen Pläne meistens (leider) keine Toleranzangaben enthalten, werden viele Teile „so genau wie möglich“ gefertigt. Fairerweise muss ich aber einräumen, dass die Angabe von Toleranzen in Modellbau-Plänen nur Sinn macht, wenn die Toleranzen von Modellbauern auch mit vertretbarem Aufwand eingehalten werden können (Messgeräte, Maschine, Werkzeug). Zudem ist eine einigermaßen vollständige und sinnvolle Angabe von Toleranzen schon bei kleineren Projekten mit einem gewaltigen Zeitaufwand verbunden.

Dennoch sollen einige wichtige Punkte erläutert werden, da man sonst schon beim Kauf einer Reibahle über das „H7“ stolpern würde. Damit die Erklärung noch einigermaßen erträglich ist, werden hier z.T. etwas einfachere Begriffe als in der Norm verwendet.

Es leuchtet sicherlich jedem Leser ein, dass es unmöglich ist, Werkstücke zu erzeugen, deren Maße absolut gleich sind, bzw. mit den in einer Zeichnung angegebenen Maßen exakt übereinstimmen. Auch wenn man auf den ersten Blick oder beim Nachmessen mit dem Messschieber keine Unterschiede feststellen wird, sind dennoch welche da – man muss „nur“ noch genauer messen. Selbstverständlich haben nicht alle Abweichungen vom Zeichnungsmaß auch einen Einfluss auf die einwandfreie Funktion des Werkstückes: Eine Bohrung, durch die eine Schraube gesteckt wird, kann wesentlich „ungenauer“ sein, als die Zylinderbohrung einer Dampfmaschine.

Damit man aber nun für alle an der Entstehung eines Werkstückes beteiligten Personen unmissverständlich angeben kann, was an Abweichungen von einem in einer Zeichnung vorgegebenen Maß zulässig ist und was nicht, gibt man neben dem Nennmaß noch Toleranzen an (wo nötig). Mit zwei verschiedenen Arten der Toleranzangabe wird der Modellbauer hin und wieder zu tun haben:

<u>Maße mit direkter Angabe der Grenzabmaße</u>

Die Grenzabmaße sind die hinter dem Nennmaß (im Beispiel „12“) eingetragenen kleineren Zahlen. Neben dieser Schreibweise ist es auch üblich, die Grenzabmaße in der gleichen Schriftgröße wie das Nennmaß zu schreiben. Das höher gestellte Grenzabmaß wird „oberes Abmaß“ und das tiefergestellte Grenzabmaß wird „unteres Abmaß“ genannt. Das Mindestmaß ergibt sich, indem man das Nennmaß und das untere Abmaß addiert. Das Höchstmaß ergibt sich, indem man das Nennmaß und das obere Abmaß addiert. Mindestmaß und Höchstmaß sind die beiden Grenzmaße, zwischen denen das am Werkstück gemessenen „Istmaß“ liegen darf.

Beispiel Nr.	vollständige Schreibweise	übliche Schreibweise	Mindestmaß	Höchstmaß
1	$12^{+0,1}_{-0,05}$		11,950	12,100
2	$12^{0}_{-0,05}$	$12_{-0,05}$	11,950	12,000
3	$12{\pm0,05}$		11,950	12,050
4	$12^{+0,08}_{+0,03}$		12,030	12,080
5	$12^{+0,05}_{0}$	$12^{+0,05}$	12,000	12,050

Beim vorletzten Beispiel fällt auf, dass das Werkstück (Istmaß) immer größer sein muss als das Nennmaß (12 mm). Dieses macht, so seltsam das Maß auch auf den ersten Blick erscheinen mag, durchaus Sinn. Folgendes Beispiel soll das verdeutlichen:

Eine Welle aus blankem Rundstahl von 12 mm Durchmesser soll in einem Gleitlager gelagert werden. Selbstverständlich hat auch der als Meterware erhältliche blanke Rundstahl Toleranzen; d.h. das an einem konkreten Stück gemessene Istmaß weicht etwas vom Nennmaß „12“ ab. Blanker Rundstahl von 12 mm Durchmesser mit der Toleranz „h9“ (mehr dazu später) hat das Mindestmaß 11,957 mm und das Höchstmaß 12,000 mm. Wenn man zufällig ein Stück erwischt, das genau 12 mm Durchmesser hat und diese Welle dann mit einem Gleitlager paart, dessen Innendurchmesser auch exakt 12 mm beträgt, wird sich die Welle nur sehr schwer drehen lassen. Außerdem wäre eine Schmierung unmöglich – das Öl hat einfach keinen Platz mehr zwischen Welle und Lager. Deshalb kann man wie in diesem Beispiel festlegen, dass das Gleitlager ein Mindestmaß von 12,03 mm hat. Damit ist sichergestellt, dass selbst bei der dicksten zulässigen Welle (12,000 mm) noch 0,03 mm Lagerspiel vorhanden ist. Mit dem Höchstmaß wird entsprechend das max. zulässige Lagerspiel festgelegt – die Welle soll ja schließlich auch nicht klappern. Zusammen mit der dünnsten zulässigen Welle (11,957 mm) ergibt sich ein max. Lagerspiel von 0,123 mm. Obwohl die Bohrung des Gleitlagers immer größer als das Nennmaß ist, kann man beide Teile mit 12 mm Durchmesser zeichnen und durch das gleiche Nennmaß von Welle und Gleitlagerbohrung auch ohne große Rechnerei sofort erkennen, dass Welle und Gleitlager zusammengehören.

Entsprechend könnte man die Bohrung eines auf die Welle zu montierenden Zahnrades so tolerieren, dass es auf die Welle aufgepresst werden muss. Dazu würden die Grenzabmaße der Zahnradbohrung so gewählt, dass die Bohrung immer kleiner ist als die dünnste zulässige Welle (11,957mm).

Maße mit Angabe eines Kurzzeichens der Toleranzklasse

Um die Angabe von Toleranzen zu vereinfachen und Werkzeuge (z.B. Reibahlen), Halbzeuge (z.B. blanker Rundstahl), Messgeräte etc. zu vereinheitlichen, wurde ein System genormter Grenzmaße und Passungen entwickelt (DIN ISO 286). Bei Nennmaßen, die nach diesem System toleriert sind, werden die Toleranzen durch Angabe eines „Kurzzeichens der Toleranzklasse“ angegeben. Ein Beispiel für ein derart toleriertes Maß ist „12 H7“. Eine solche Angabe ist z.B. auf einer Reibahle mit 12 mm Durchmesser zu finden. Die „12“ gibt den Nenndurchmesser an. Das Kurzzeichen der Toleranzklasse „H7“ definiert die Grenzabmaße (abhängig vom Nennmaß!).

Der Buchstabe legt die Lage und die Zahl die Größe des Toleranzfeldes fest. Erklären lässt sich dieses an den Beispielen 4 und 5 aus dem vorangegangenen Abschnitt. Wenn man für beide Beispiele den Bereich zwischen Mindestmaß und Höchstmaß (= Toleranzfeld) auf einem Maßstab markieren würde, so sähe man, dass die Bereiche an verschiedenen Stellen liegen (unterschiedliche Lage des Toleranzfeldes) aber gleich groß sind (Größe des Toleranzfeldes, hier 0,050 mm). Bei Außenmaßen (z.B. Wellen) wird ein Kleinbuchstabe, bei Innenmaßen (z.B. Bohrungen) ein Großbuchstabe verwendet.

Der Modellbauer wird hauptsächlich auf die Toleranzklassen H7 (z.B. Reibahlen) und h9 (z.B. blanker Rundstahl) treffen.

Bei Toleranzfeldern, die durch den Buchstaben „H“ gekennzeichnet sind, ist das Mindestmaß immer gleich dem Nennmaß, das Höchstmaß immer größer als das Nennmaß. Bei Toleranzfeldern, die durch den Buchstaben „h“ gekennzeichnet sind, ist das Höchstmaß immer gleich dem Nennmaß, das Mindestmaß immer kleiner als das Nennmaß. Der Durchmesser einer Bohrung 12H7 ist also nie kleiner als 12,000 mm. Der Durchmesser einer Welle 12h9 ist dementsprechend nie größer als 12,000 mm.

Beispiel	Grenzabmaße	Mindestmaß	Höchstmaß
12 H7	+0,018 0	12,000	12,018
12 h6	0 -0,011	11,989	12,000
12 h9	0 -0,043	11,957	12,000

Die weitere Erklärung des ISO-Systems genormter Grenzmaße und Passungen würde den Rahmen dieses Buches sprengen und so manchen Leser langweilen. Wer mehr darüber wissen möchte, sollte sich einmal die entsprechenden Abschnitte in einem der folgenden Fachbücher durchlesen:

- Technisches Zeichnen/Hans Hoischen/Cornelsen Verlag, Berlin
- Einführung in die DIN-Normen/Martin Klein/B.G. Teubner Verlag und Beuth Verlag

1.6. Sonstiges

Zwei Begriffe, die in technischen Beschreibungen immer wieder auftauchen und die immer wieder verwechselt werden, sind „axial" und „radial" **(Abb. 2)**. „Axial" und „radial" geben Richtungen bezogen auf Körper an, denen man eine Drehachse zuordnen kann. Mit „axial" wird eine Ausrichtung parallel zur Drehachse bezeichnet. Bei einer radialen Ausrichtung hingegen verläuft die Achse (bzw. Richtung) senkrecht zur Drehachse und schneidet diese (ist identisch mit einem Radius).

Abb. 2

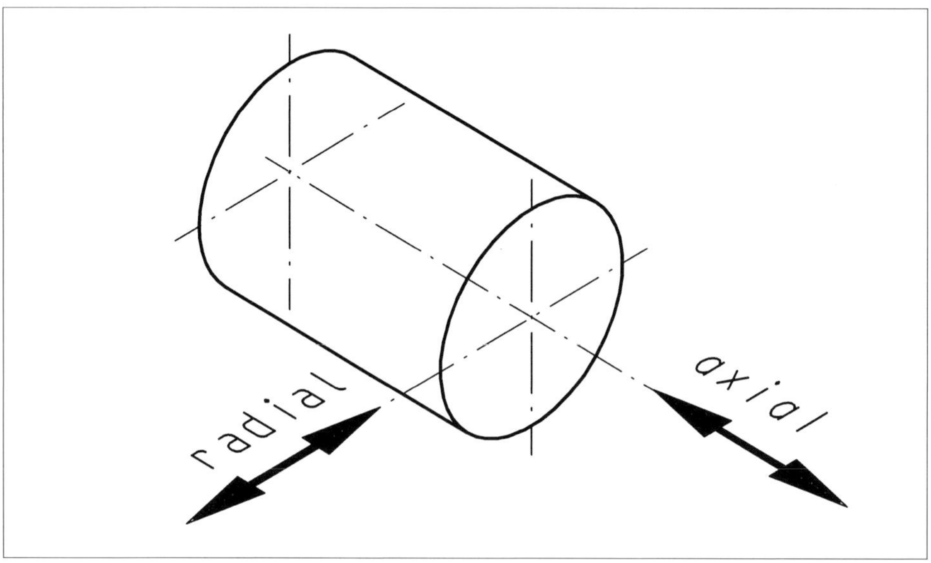

2. Werkzeuge

Im Folgenden werden einige Werkzeuge vorgestellt, die in Verbindung mit einer Dreh- und Fräsmaschine benutzt werden.

2.1. Drehmeißel

2.1.1. Schneidstoffe/handelsübliche Ausführungen

Die im Hobbybereich am häufigsten anzutreffenden Drehmeißel kann man wie folgt unterteilen:

- Drehmeißel mit gelötetem HM-Plättchen
  An einen Stahlschaft ist ein HM-Plättchen hart angelötet und dann geschliffen worden. Diese Drehmeißel kann man nachschleifen, bis das HM-Plättchen „aufgebraucht“ ist.
- Drehmeißel mit auswechselbarem HM-Plättchen
  Diese Hartmetalldrehmeißel bestehen aus einem Halter, an dem ein HM-Plättchen durch Schrauben oder Klemmen befestigt wird. Diese als „Wendeschneidplatten“ bezeichneten HM-Plättchen werden fertig geschliffen geliefert und haben meistens mehrere Schneidenbereiche, die nacheinander (durch Wenden der Platte) zum Einsatz kommen. Wenn alle Schneiden „verbraucht“ sind, wird die Wendeschneidplatte weggeworfen. Ein Nachschliff ist nur bei wenigen Ausführungen möglich und sinnvoll.
- HM-Drehmeißel
  Interessant sind hier nur fertig geschliffene Innendrehmeißel, die die gleiche Form wie die HSS-Innendrehmeißel links in Bild 1 haben. Bei den kleineren Größen wie dem dritten Drehmeißel von links in Bild 1, ist nicht nur der Schneidenbereich, sondern auch noch der dünne Teil des Schaftes aus HM, so dass auch kleine tiefe Bohrungen ohne Schwingungsprobleme ausgedreht werden können.
- HSS-Drehmeißel, fertig geschliffen
  Die kleineren Abmessungen bestehen aus HSS-Vollstahl, während bei den größeren Abmessungen meistens der Schneidenbereich aus HSS an einen Schaft aus Baustahl angeschweißt ist. Für Innendreharbeiten sind fertig geschliffene HSS-Drehmeißel **(Bild 1, links)** im Handel erhältlich. Besonders für die Bearbeitung kleinerer Bohrungen stellen sie eine große Erleichterung dar. Sie sind allerdings relativ teuer, dafür aber einfach und oft nachzuschleifen (nur Spanfläche).
- HSS-Drehlinge (DIN 4964)
  Drehlinge sind „Drehmeißel-Rohlinge“ aus HSS-Vollstahl. Es gibt sie in verschiedenen Formen (quadratisch, rechteckig, rund), Querschnitten, Längen und zum Teil auch Werkstoffen. Die Schneiden müssen selbst angeschliffen werden. Am gängigsten und auch am vielseitigsten einzusetzen sind Drehlinge aus HSS mit einem Co-Gehalt von 10...12 % (z.B. HSS/Co10, HSS/Co12). Für Modellbauzwecke sind folgende Größen empfehlenswert:
  - Außendrehmeißel: 6 × 6 und 8 × 8
  - Schneideinsatz für Bohrstangen: Ø 4 und Ø 5

Bild 1

- extrem schmale Abstechdrehmeißel: Ø 6
- Innendrehmeißel: bis ca. Ø 10
  (abhängig von Ausdrehdurchmesser und -tiefe)

- Drehmeißel aus Werkzeugstahl-Halbzeug (Lieferzustand: ungehärtet)
  Für die Anfertigung komplizierter Profildrehmeißel eignen sich verschiedene, als Halbzeug (Rundmaterial, Platten etc.) gelieferte Werkzeugstähle. Einfach zu beschaffen, noch gut zu bearbeiten und mit einfachen Mitteln zu härten ist der so genannte Silberstahl (115CrV3, Werkstoff-Nr. 1.2210). Einfache Drehmeißel schleift man aber besser aus Drehlingen.

Auf den meisten im Hobbybereich benutzten kleineren Drehmaschinen sind Hartmetalldrehmeißel allenfalls zum Schlichtdrehen sinnvoll einsetzbar, weil größere Schnitttiefen oft zu instabilen Zerspanverhältnissen und zu einem Stehenbleiben im Schnitt führen. Beides ist für HM-Drehwerkzeuge aber absolut tödlich! Weiterhin ist zu bedenken, dass für den Nachschliff der relativ preiswerten Drehmeißel mit gelöteten HM-Platten spezielle Schleifscheiben (Diamant, evtl. Siliziumcarbid) nötig sind. Die üblicherweise nicht nachzuschleifenden HM-Wendeschneidplatten sind im Vergleich zu HSS-Drehmeißeln recht teuer.

Besonders empfehlenswert ist die Verwendung von HSS-Drehlingen. Sie sind preiswert und können so oft nachgeschliffen werden, bis sie nicht mehr einzuspannen sind. Da sie im Lieferzustand noch keine Schneide haben, muss diese erst angeschliffen werden. Gegenüber den (teureren) fertig geschliffenen HSS-Drehmeißeln bedeutet dieses nicht unbedingt einen Nachteil, da der Standardanschliff der fertig geschliffenen HSS-Drehmeißel nur in wenigen Fällen geeignet ist und man einen stumpfen Drehmeißel ohnehin nachschleifen muss.

Man wird sich also früher oder später mit dem korrekten Anschliff von Drehmeißeln beschäftigen müssen. Nur so kann man viele Fehler von vorneherein vermeiden.

Dabei ist es weniger von Bedeutung, dass man die Bezeichnungen der Winkel am Drehmeißel als vielmehr ihre Funktion kennt. Eine ausführliche Behandlung des Themas sowie einige Beschreibungen zur Anfertigung von Drehwerkzeugen findet man im Buch „Besseres Drehen und Fräsen – Werkzeuge und Tips“.

2.1.2. Schneiden und Winkel am Drehmeißel

Im Allgemeinen hat ein Drehmeißel eine Hauptschneide und mindestens noch eine Nebenschneide. Die Hauptschneide ist diejenige Schneide, die in Vorschubrichtung zuerst ins Werkstück eindringt. Daran angrenzende Schneiden sind die Nebenschneiden. Den Übergang zwischen Hauptschneide und Nebenschneide bildet die Schneidenecke. Je nach Drehaufgabe kann diese einen Radius aufweisen oder auch scharfkantig sein **(Abb. 3)**.

Beim Drehen trifft das Material des Werkstücks zuerst auf die Hauptschneide des Drehmeißels. Diese trennt den Span in Zusammenarbeit mit der Nebenschneide

Abb. 3

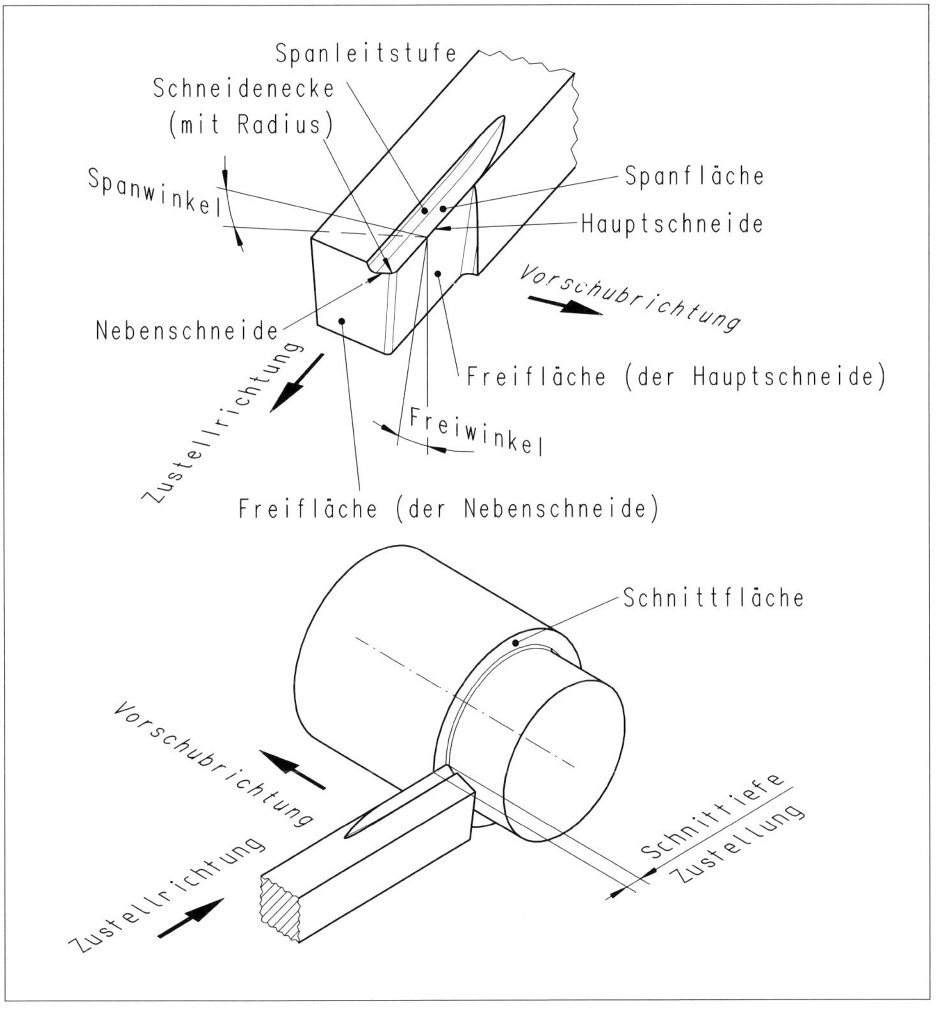

ab. Der Span wird dann von der an die Schneide angrenzenden Spanfläche umgelenkt. Je nach Werkstoff muss die Umlenkung des Spanes mehr oder weniger „sanft" erfolgen. Aus diesem Grund wird die Spanfläche unter einem Winkel (Spanwinkel) angeschliffen.

Mit größer werdendem Spanwinkel wird die Schneide „schärfer" und der Span fließt leichter ab. Gleichzeitig wird die Schneide aber auch empfindlicher und der Drehmeißel neigt dazu, sich in den Werkstoff hineinzuziehen. Im Allgemeinen muss der Spanwinkel umso größer sein je zäher (langspanend) und/oder weicher ein Werkstoff ist. Spröde (kurzspanende) und/oder feste Werkstoffe hingegen erfordern kleine Spanwinkel. Eine Tabelle mit üblichen Spanwinkeln findet sich im Anhang.

Bei langspanenden Werkstoffen sollte die Spanfläche nur kurz sein und dann einen Umlenkradius aufweisen, so dass sich eine Stufe bildet. Ohne diese Spanleitstufe würde der abgetrennte Span ohne Hindernis über die Spanfläche ablaufen. Das Ergebnis wären Wirrspäne, die sich leicht um das Werkstück wickeln und damit nicht nur das Arbeiten stören sondern auch noch eine Verletzungsgefahr bedeuten. Durch die Spanleitstufe hingegen wird der ablaufende Span umgelenkt und je nach Werkstoff, Vorschub usw. gebrochen oder zu schraubenförmigen Spänen umgeformt.

Gleichzeitig mit dem Abtrennen des Spans erzeugt die Hauptschneide eine neue Werkstückfläche (Schnittfläche). Diese Werkstückfläche bewegt sich an der an die Hauptschneide angrenzenden Freifläche vorbei. Damit die Freifläche das Eindringen der Drehmeißelschneide in den Werkstoff nicht verhindert und die neu entstandene Schnittfläche nicht berührt (zu große Reibung, Beschädigung), verläuft sie in einem Winkel (Freiwinkel). Mit einem Freiwinkel von ca. 8° wird man in den meisten Fällen gut beraten sein. Nur bei einigen sehr weichen Werkstoffen wie Kupfer, weichen Aluminiumsorten und weichen Ms63-Sorten sollte man den Freiwinkel auf 10... 15° erhöhen.

Die an die Nebenschneiden angrenzenden Flächen, die den neu entstehenden Werkstückflächen zugewandt sind, erhalten ebenfalls einen Freiwinkel. Ferner wird durch die Einstellung und/oder den Anschliff des Drehmeißels dafür gesorgt, dass die Nebenschneiden die gedrehte Fläche nur an einem Punkt berühren (Einstellwinkel der Nebenschneide; **Abb. 4**). Dieser Punkt liegt dort, wo Hauptschneide und Nebenschneide zusammentreffen (Schneidenecke). Wenn man also einen Seitendrehmeißel nach dem Drehen eines zylindrischen Ansatzes etwas entgegen der Vorschubrichtung zurückfährt, wird der Drehmeißel das Werkstück bzw. den zylindrischen Ansatz nur an einem Punkt berühren (Abb. 4, rechts).

Die meisten Misserfolge eines Anfängers beim Drehen haben ihre Ursache in einem für die Drehaufgabe prinzipiell ungeeigneten Anschliff des Drehmeißels (z.B. fehlende Freiwinkel an den Nebenschneiden) sowie in der Benutzung von Drehmeißeln mit beschädigten bzw. stumpfen Schneiden („wird schon noch gehen"). Niemand sollte sich nun aber von den Winkelempfehlungen und der Theorie bange machen lassen. Sofern der Anschliff prinzipiell korrekt ist und nicht das Optimum an Standzeit gefordert ist, kommt es auf das letzte Grad bei den einzelnen Winkeln nicht an. Nur bei sehr kritischen Zerspanbedingungen (leistungsschwache und/oder wenig stabile Maschinen, schlanke Werkstücke, etc.) kann die genaue Einhaltung der Winkel entscheidend sein.

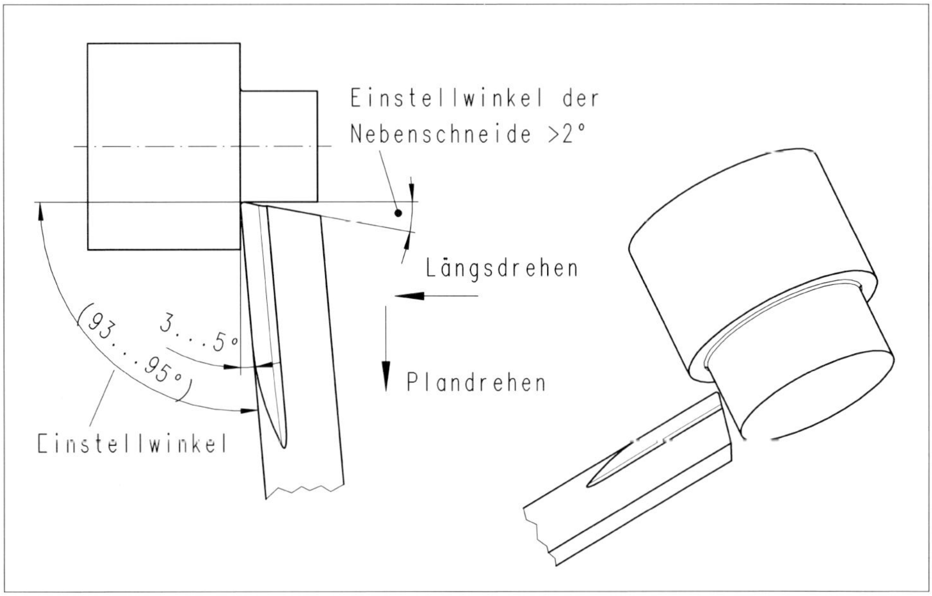

Abb. 4

2.1.3. Drehmeißelformen

2.1.3.1. Rechte und linke Drehmeißel

Drehmeißel werden nach der Lage der Hauptschneide in rechte und linke Drehmeißel unterteilt. Wenn man den Drehmeißel mit oben liegender Schneide so hält, dass die Schneidenecke auf den Betrachter gerichtet ist, liegt die Hauptschneide beim rechten Drehmeißel auf der rechten Seite des Drehmeißels **(Abb. 5)**. Auf konventionellen Drehmaschinen (Drehmeißel vor Drehmitte, Spindel links vom Bediener) arbeitet ein rechter Drehmeißel also von rechts nach links.

2.1.3.2. Außendrehmeißel

2.1.3.2.1. Rechter Seitendrehmeißel

Der rechte Seitendrehmeißel **(Abb. 6)** ist der am meisten verwendete Außendrehmeißel. Er kann recht einfach aus einem quadratischen Drehling (HSS/Co10) geschliffen werden. Die Reihenfolge des Anschliffs geht aus Abb.6 (unten) hervor. Die für die Zerspanung langspanender Werkstoffe nötige Spanleitstufe entsteht automatisch, wenn der Spanwinkel bzw. die Spanfläche an einer Schleifscheibenkante angeschliffen wird. Durch Schritt „d“ wird der Drehmeißel im Arbeitsbereich etwas schlanker. Dies ist z.B. oft nötig, wenn das Werkstück mit einer Körnerspitze im Reitstock abgestützt

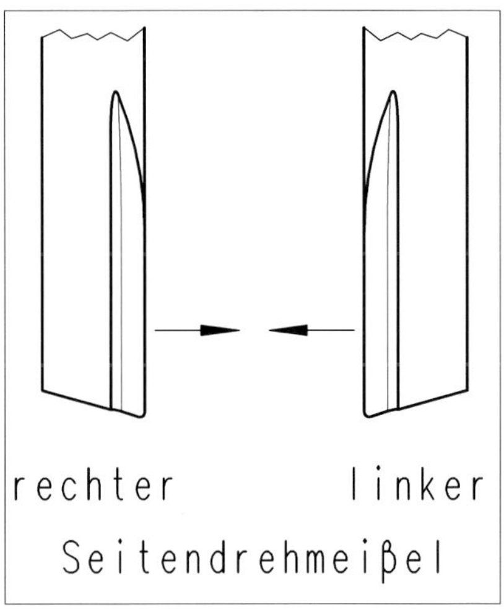

Abb. 5

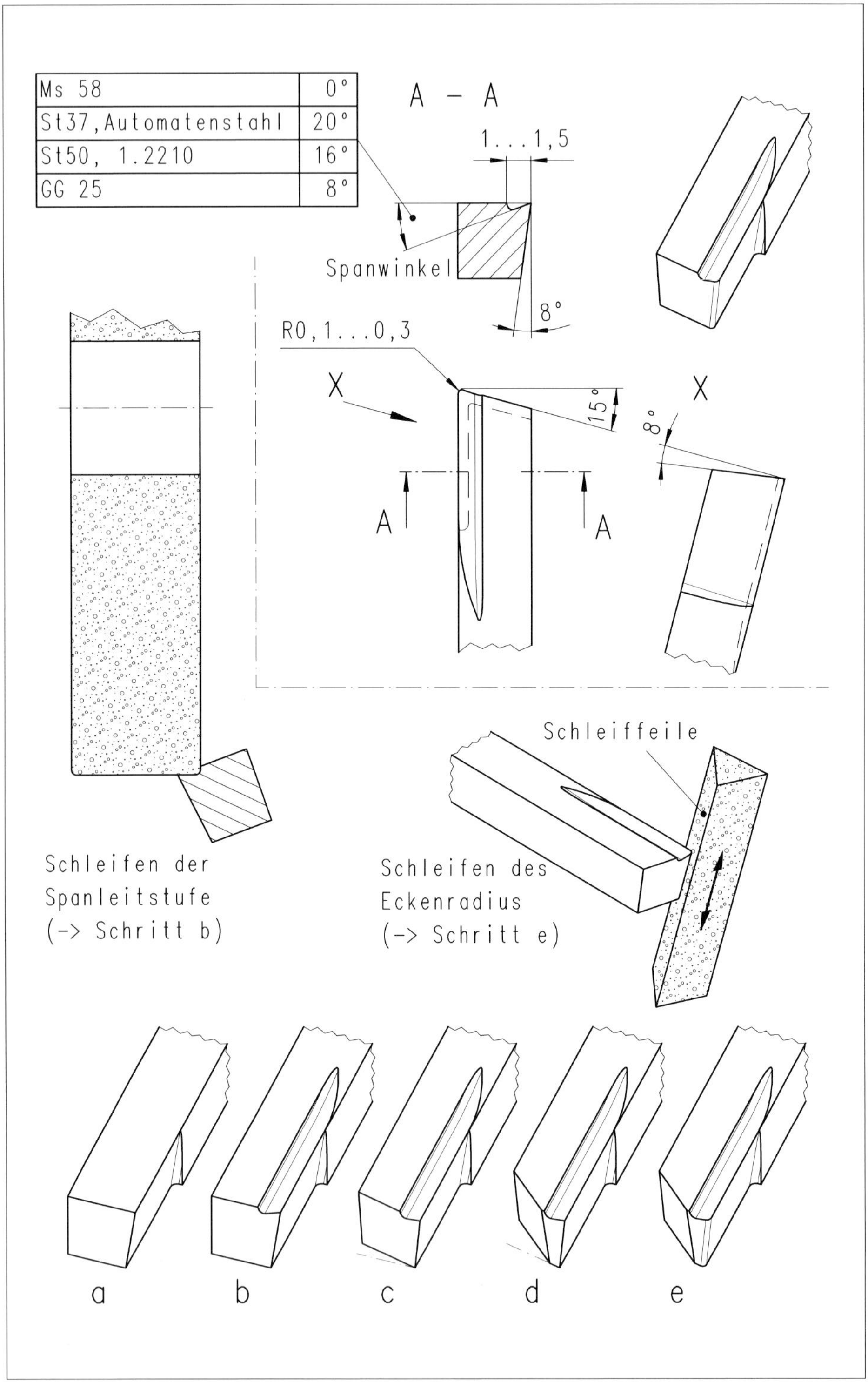

Abb. 6: Rechter Seitendrehmeißel

wird und dieses Werkstückende bearbeitet werden soll. Als letzter Arbeitsgang „e“ wird die Schneidenecke gerundet. Das geschieht von Hand mit einer Schleiffeile (Abziehfeile, Schleifstab) aus Edelkorund. Große Radien (ab ca. R 0,2) schleift man mit einer Schleiffeile der Körnung 320 (ggf. davor noch 180) vor und dann mit einer Schleiffeile der Körnung 500 fertig. Kleine Radien bis ca. 0,2 mm schleift man direkt mit der 500er-Schleiffeile.

Der Eckenradius ist abhängig von der jeweiligen Drehaufgabe. Ein großer Eckenradius sorgt für eine unempfindliche Schneidenecke und bessere Oberflächen, wenn das Werkstück ausreichend stabil ist. Weniger stabile Werkstücke (z.B. dünn oder weit aus dem Futter hervorstehend) werden leicht zu Schwingungen angeregt und die Oberfläche zeigt Rattermarken. Unabhängig von der Größe des Eckenradius sollte man bei Schlichtwerkzeugen darauf achten, dass der Bereich des Eckenradius, der direkt in Kontakt mit der fertigen Werkstückoberfläche steht, möglichst perfekt gerundet ist. Mit einer Uhrmacherlupe (Vergrößerung 7...10 x) kann man gut erkennen, wo der Radius noch zu eckig ist und diese Ecken gezielt wegschleifen.

Für den Bau des Heißluftmotors wird man folgende rechte Seitendrehmeißel benötigen:

- kleine Drehteile aus Stahl: Spanwinkel 12... 15°/Eckenradius 0,1
- größere Drehteile aus Stahl und GG: Spanwinkel 12... 15°/Eckenradius 0,2...0,3
- Drehteile aus Ms58: Spanwinkel 0...5°/Eckenradius 0,1 ...0,3

Ich selbst habe die Spitzenradien bisher immer nach Gefühl angeschliffen. Da die Begriffe „klein“ und „groß“ von jedem anders interpretiert werden, habe ich die Radien meiner Drehmeißel einmal ausgemessen. Ohne Messlupe wird es aber kaum gelingen, die Radiusgröße richtig einzuschätzen. Um ein Gefühl für derart kleine Radien zu bekommen, sollte man sich einmal die Stirnseite eines Drahtes mit einem entsprechenden Durchmesser (z.B. von einer Druckfeder) anschauen.

Bei dem Drehmeißel für Ms58 kann ein Spanwinkel von 0° verwendet werden. Da Ms58 zudem kurzspanend ist, ist eine Spanleitstufe überflüssig. Arbeitsgang „b“ in Abb. 6 entfällt also.

Der rechte Seitendrehmeißel wird üblicherweise mit einem Einstellwinkel etwas über 90° (bezogen auf das Längsdrehen) eingesetzt. Dadurch kann man den Drehmeißel auch zum Plandrehen (bei geringen Schnitttiefen) verwenden (Abb. 4). Bei Drehmeißeln mit einem positiven Spanwinkel ist die Vorschubrichtung von der Drehachse zum Außendurchmesser („von innen nach außen“) zu wählen. Nur wenn die Schnitttiefe deutlich kleiner als der Eckenradius ist, kann man auch von außen nach innen plandrehen. Seitendrehmeißel mit 0° Spanwinkel sind in beiden Richtungen zum Plandrehen einsetzbar.

Da große Schnitttiefen auf den im Modellbau üblichen Maschinen kaum zu realisieren sind, wird der Seitendrehmeißel als erstes im Bereich der Schneidenecke verschleißen. Daher wird der Drehmeißel stirnseitig nachgeschliffen, also gekürzt. Ein Nachschleifen der Schneide durch Tiefersetzen der Spanleitstufe oder Schleifen der Spanfläche führt schon nach wenigen Nachschliffen zu einer unbrauchbaren Drehmeißelform. Nur wenn einmal die ganze Schneide z.B. bei einem Crash beschädigt wird, sollte man den Drehmeißel so nachschleifen.

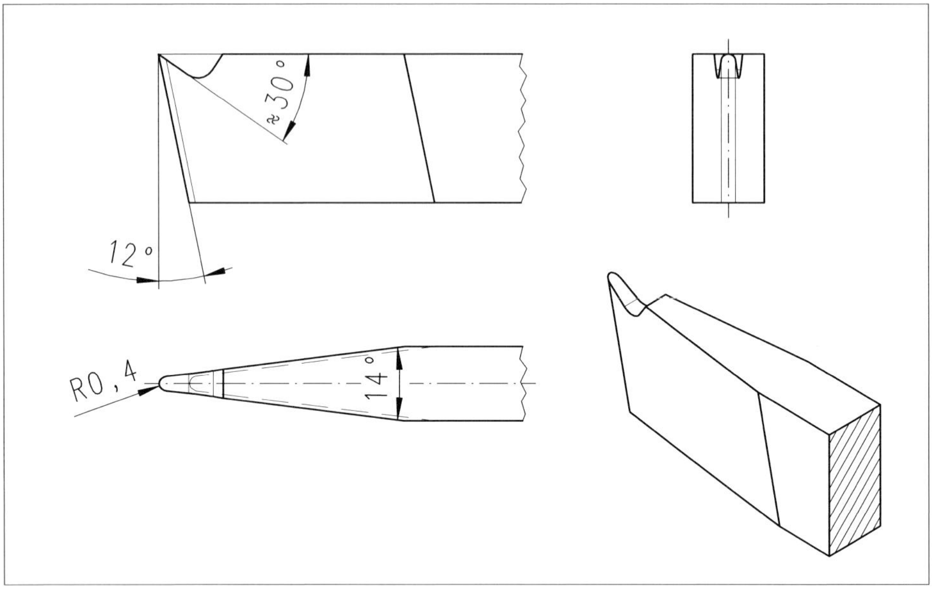

Abb. 7: Spitzschlichtdrehmeißel

2.1.3.2.2. Spitzschlichtdrehmeißel

Der Spitzschlichtdrehmeißel **(Abb. 7)** findet immer Anwendung, wenn es darum geht, beste Oberflächengüten und genaue Durchmesser zu drehen. Prinzipiell gelten die gleichen Regeln für den Spanwinkel wie bei anderen Drehmeißeln. Da der Spitzschlichtdrehmeißel aber nur zum Schlichten verwendet wird, kann ein Spanwinkel von 30° für einen weiten Bereich von Werkstoffen eingesetzt werden. Durch den großen Spanwinkel wird der Span sehr leicht abgetrennt und es lassen sich trotz des großen Eckenradius auch weniger stabile Zerspanbedingungen (z.B. dünne, weit aus dem Futter ragende Werkstücke) gut beherrschen. Allerdings darf die Schnitttiefe nur max. einige 1/10 mm betragen. Bei größeren Schnitttiefen wird die Schneide leicht überlastet und es besteht die Gefahr, dass sich der Drehmeißel in das Werkstück hineinzieht. Da die Schneide sehr empfindlich ist, sollte man auf eine gute Schmierung achten und die Schnittgeschwindigkeit nicht zu groß wählen.

Obwohl der Spanwinkel von 30° allen Regeln bei der Bearbeitung von Ms58 widerspricht, erzielt man auch hier beim Schlichten (max. Schnitttiefe ca. 0,3 mm) hervorragende Ergebnisse bezüglich Oberflächenqualität und Maßhaltigkeit.

Nachgeschliffen wird der Spitzschlichtdrehmeißel an der Spanfläche, so dass der mühsam angeschliffene Radius erhalten bleibt.

2.1.3.2.3. Abstechdrehmeißel

Einen Standardanschliff für Abstechdrehmeißel zeigt **Abb. 8**. Bei besonders kleinen Werkstücken ist die schmalere Ausführung nach **Abb. 9** geeigneter. Bei der schmalen Ausführung darf der Freiwinkel der Nebenschneiden nicht zu groß werden, da sonst der Drehmeißel zu stark geschwächt wird. Andererseits muss aber auch auf

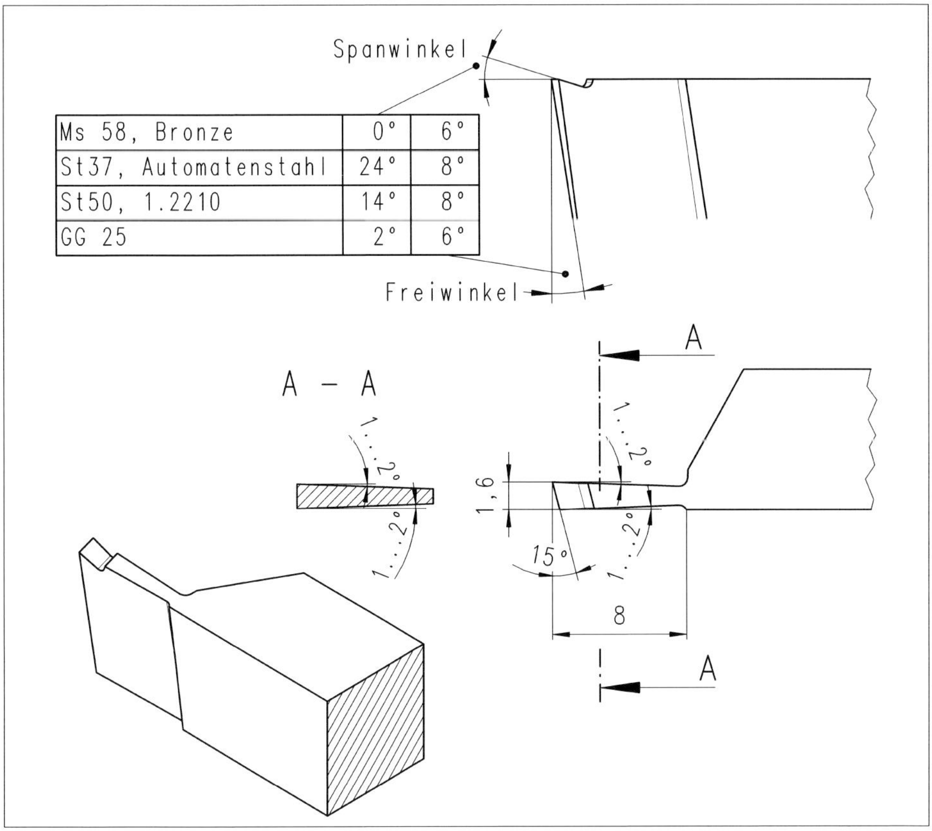

Ms 58, Bronze	0°	6°
St37, Automatenstahl	24°	8°
St50, 1.2210	14°	8°
GG 25	2°	6°

Abb. 8: Abstechdrehmeißel ▲

Abb. 9: Abstechdrehmeißel, schmal ▼

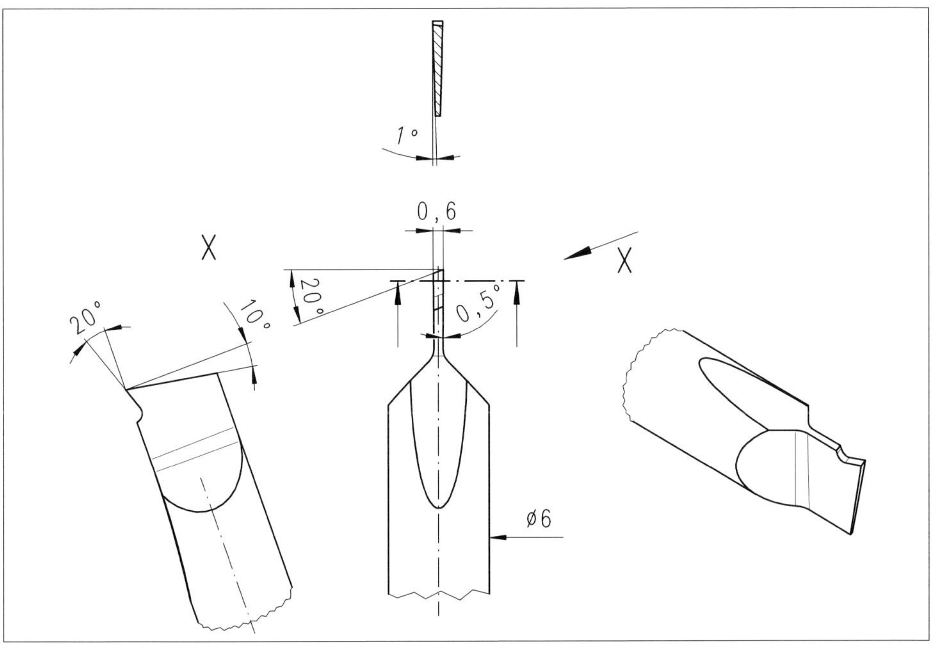

beiden Seiten ein Freiwinkel vorhanden sein. Bei einem eckigen Drehling ist es sehr schwierig, diese Freiwinkel von Hand abzuschleifen. Deshalb wird ein runder Drehling verwendet, bei dem ein unsymmetrischer Anschliff durch Drehen des Abstechdrehmeißels im Stahlhalter ausgeglichen werden kann. Beide Seiten haben dann den gleichen Freiwinkel.

Bei allen Abstecharbeiten in Metallen ist mit Ausnahme von Ms58 und Grauguss eine reichliche Schmierung nötig. Damit das Schmiermittel die Drehmeißelschneide erreicht, ist entweder ein regelrechtes Überfluten des gesamten Nutbereiches nötig, oder das Schmiermittel muss in die Nut eingebracht werden. Wenn die Planschlittenkurbel mit der linken Hand betätigt wird, kann das Schmiermittel mit der rechten Hand mit Hilfe einer 10-ml-Spritze mit abgewinkelter (ca.45°) 0,9-mm-Nadel (Spitze wegschleifen!) direkt in den Nutgrund eingebracht werden (siehe Fachbuch „Besseres Drehen und Fräsen“, Bild 15). Weil die Vorschubkurbel nur mit einer Hand bedient wird, ist eine Unterbrechung des Vorschubs nach jeweils einer halben Kurbelumdrehung nicht zu vermeiden. Dies ist aber nicht von Nachteil, da die Späne dadurch Zeit haben, aus der Nut herauszutreten und die Schneide abkühlen kann.

Trotz der abgewinkelten Nadel, die einen ausreichenden Sicherheitsabstand zum Futter und zum Werkstück gewährleistet, muss man sehr vorsichtig sein. Das abgestochene Werkstück muss sicher aufgefangen werden. Wenn man es einfach fallen lässt, kann es leicht passieren, dass es in den Bereich des Futters gelangt, von den Futterbacken erfasst und weggeschleudert wird ... Wenn das Werkstück eine Bohrung hat, kann man ein Bohrfutter im Reitstock benutzen, in das ein Stück Rundstahl einspannt ist. Den Rundstahl positioniert man in der Werkstückbohrung, so dass das abgestochene Werkstück nicht unkontrolliert herunterfällt, sondern auf dem Rundstahl hängen bleibt (Bild 74). Werkstücke ohne Bohrung kann man mit einem Rohrstück auffangen (ggf. mit der rechten Hand halten).

Bei schweren und auch bei längeren Werkstücken besteht die Gefahr, dass das Werkstück kurz vor dem vollkommenen Abstechen beginnt, unrund zu laufen und außer Kontrolle zu geraten. Wenn man sich nicht sicher ist, dass so etwas nicht passiert, sollte man rechtzeitig mit dem Abstechen aufhören und den Restquerschnitt durchsägen (Schraubstock!) oder evtl. auch durchbrechen.

Ausführliche Hinweise zum Abstechen finden sich in „Besseres Drehen und Fräsen“, Kap. 4.3.

2.1.3.2.4. Plandrehmeißel

Ein Plandrehmeißel wird nur benötigt, wenn größere Werkstoffmengen durch Plandrehen zu zerspanen sind. Bei einem Plandrehmeißel wird die Schneide an der Stirnseite des Drehlings angeschliffen. Dadurch ist der Plandrehmeißel aber nicht mehr einfach nachzuschleifen. Einfacher ist es, einen quer eingespannten linken Seitendrehmeißel zu verwenden (Drehmeißellängsachse liegt parallel zur Drehachse des Werkstücks).

2.1.3.2.5. Radiusdrehmeißel für Außenradien

Die Anfertigung eines Radiusdrehmeißels aus flachem Werkzeugstahl ist schon in „Besseres Drehen und Fräsen“ beschrieben worden. Da aber mit einfachen Mitteln zu härtender Werkzeugstahl wesentlich einfacher in runder Form zu beschaffen ist, habe ich das Verfahren etwas geändert.

Als Werkstoff wird niedrig legierter Werkzeugstahl 115CrV3 (1.2210) verwendet. Er wird als „Silberstahl" (= polierter Rundstahl) mit Toleranz h9 (DIN175) geliefert.

Die für den Bau des Heißluftmotors benötigten Radiusdrehmeißel sind in Abb. 31 und 32 zu sehen. An einem Ende des Rundmaterials werden zwei gegenüberliegende Flächen angefräst. Damit keine scharfen Innenecken entstehen, die beim Härten zu Rissen führen können, geschieht dieses durch Umfangsfräsen. Die entstehenden Flächen müssen so breit sein, dass der gewünschte Radius des Drehmeißels und die Spanleitstufe Platz haben:

$$\text{Breite der Fläche} \geq 2 \times (\text{Radius} + 1)$$

Der Rohling (Bild 1, 2.v.r.) wird in einer im Dreibackenfutter gespannten Spannvorrichtung geklemmt. Die auf den Bildern 2 bis 4 abgebildete Spannvorrichtung hat Aufnahmen für Rundstahl von 8 mm und 10 mm Durchmesser.

- Als Erstes wird ein Loch gebohrt, dessen Durchmesser ca. 0,2 mm kleiner als der erforderliche Durchmesser (2 × Radius) ist. Durch Reiben **(Bild 2)** oder Ausdrehen entsteht dann der erforderliche Bohrungsdurchmesser. Die Bohrung wird zumindest im vorderen Bereich geschwärzt.

Bild 2: Radiusdrehmeißel; Bohrung

- Der Oberschlitten wird auf einen Winkel entsprechend dem Freiwinkel eingestellt. Mit einem Innendrehmeißel wird die Bohrung kegelig ausgedreht **(Bild 3)**. Dabei muss sich die Bohrung zum Futter hin erweitern. Der Kegel wird so weit vergrößert, bis er genau an die vordere Bohrungskante reicht. Durch das Schwärzen der Bohrung kann man diesen Punkt gut sehen.

Bild 3: Radiusdrehmeißel; Drehen der Freifläche

Bild 4: Radiusdrehmeißel; Drehen der Spanfläche

- Der Oberschlitten wird auf einen Winkel entsprechend dem Spanwinkel (90° + Spanwinkel) eingestellt. Mit dieser Einstellung wird die Spanfläche gedreht **(Bild 4)**. Dabei muss die Spanfläche genau bis an die Bohrungskante heranreichen.
- Der überflüssige Bereich des gedrehten Radius wird durch Sägen, Feilen oder Fräsen entfernt. Die dabei entstehenden Schneiden müssen mit einem Freiwinkel versehen werden. Zum Aufhängen des Drehmeißels beim Härten erhält der Schaft eine kleine Querbohrung.
- Härten und Anlassen: Das Härten geschieht mit einem Propan-Lötgerät. Der Drehmeißel wird möglichst gleichmäßig auf eine Härtetemperatur von ca. 800°C erwärmt. Dabei glüht der Stahl hellrot. Die Flamme wird nicht auf die Schneide gerichtet, sondern auf die Rückseite des Radiusdrehmeißels. Wenn der gesamte Schneidenbereich die Härtetemperatur erreicht hat (Glühfarbe), wird der Drehmeißel möglichst schnell in Wasser mit ca.10 % Kochsalzzusatz getaucht. Nach dem Härten muss das Werkzeug angelassen werden. Am einfachsten geschieht dieses, indem der Drehmeißel ca. 1/2 Stunde in den auf 150° C vorgeheizten Backofen gelegt wird.

Auf das in „Besseres Drehen und Fräsen" empfohlene Anschleifen einer Spanflächenfase kann auch verzichtet werden. Falls der Drehmeißel beim Drehen aber stumpf wird und nicht mehr sauber schneidet, kann er durch das Anschleifen einer kleinen Spanflächenfase wieder geschärft werden.

2.1.3.3. Innendrehmeißel

2.1.3.3.1. Bohrstange mit Schneideinsätzen

Bohrstangen für die Bearbeitung von Durchmessern ab ca. 12 mm zeigen die Abb. 10 und 11. Eine Bohrstange besteht aus einem Schaft und einem Schneideinsatz. Der Schaft wird aus Baustahl (vorzugsweise St50) angefertigt. Der Schneideinsatz kann aus jedem für Drehzwecke geeigneten Werkstoff gefertigt werden. Abgebrochene runde Werkzeuge (Fräser, Bohrer, Gewindebohrer usw.) können ebenso verwendet werden wie HSS-Runddrehlinge. Für alle Bohrstangengrößen mit einem Durchmesser d ≥ 10 mm verwende ich Schneideinsätze, die aus einem Runddrehling Ø 4 (HSS/Co10) geschliffen wurden. Die beiden Bohrstangen unterscheiden sich nur durch den Schneideinsatz. Der Schneideinsatz in **Abb. 10** entspricht dem Seitendrehmeißel beim Außendrehen und ist universell zum Ausdrehen von Bohrungen zu verwenden. Durch den Einstellwinkel von ca. 94° lassen sich auch Planflächen (allerdings nur bei geringer Schnitttiefe) drehen. Der Schneideinsatz in **Abb. 11** entspricht dem Spitzschlichtdrehmeißel, wird allerdings hier unter einem Winkel von 45° eingesetzt, so dass auch Grundbohrungen bis zum Grund bearbeitet werden können. Ein Plandrehen ist ebenfalls möglich. Dabei ist die bevorzugte Vorschubrichtung von innen nach außen (radial in Richtung Außendurchmesser) gerichtet. Bei geringen Schnitttiefen (0,1 mm) ist aber auch ein Plandrehen von außen nach innen möglich. Ansonsten gilt das gleiche wie für den Außen-Spitzschlichtdrehmeißel.

2.1.3.3.2. Innendrehmeißel aus HSS

Einen einfachen Innendrehmeißel aus einem runden HSS-Drehling zeigt **Abb. 12** und Bild 1 (rechts, Ausführung mit 0° Spanwinkel). Dieser Innendrehmeißel ist gut geeignet, eine Bohrung so weit zu vergrößern, bis eine Bohrstange eingesetzt werden kann.

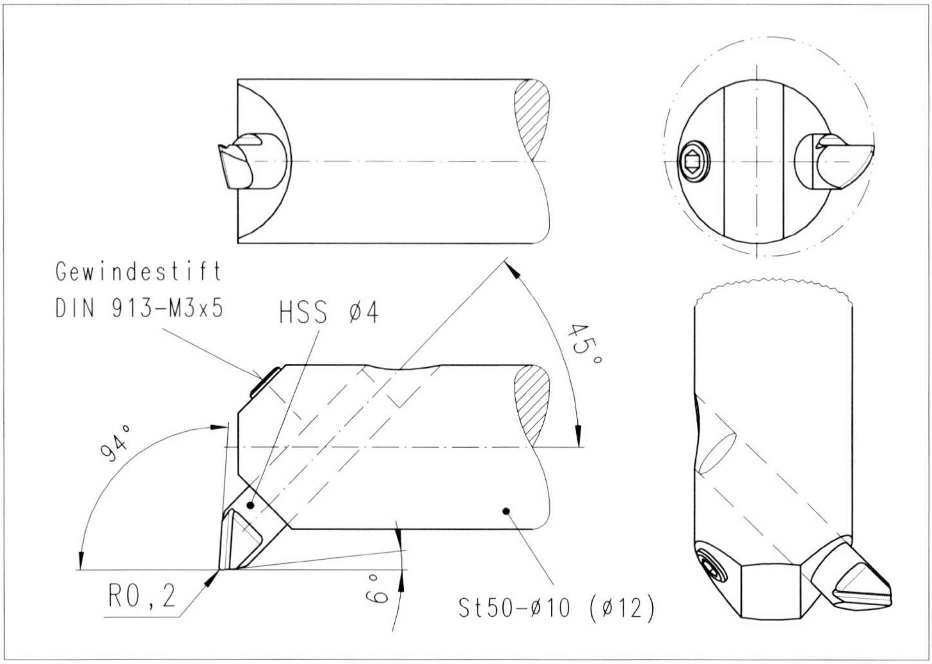

Abb. 10: Bohrstange

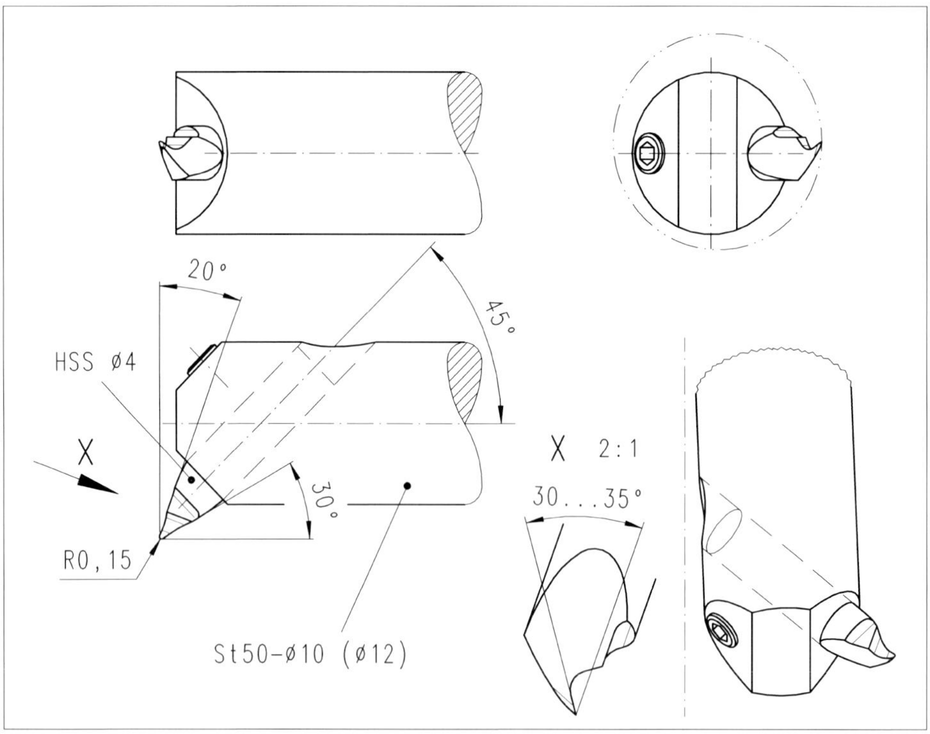

Abb. 11: Bohrstange mit Spitzschlichteinsatz

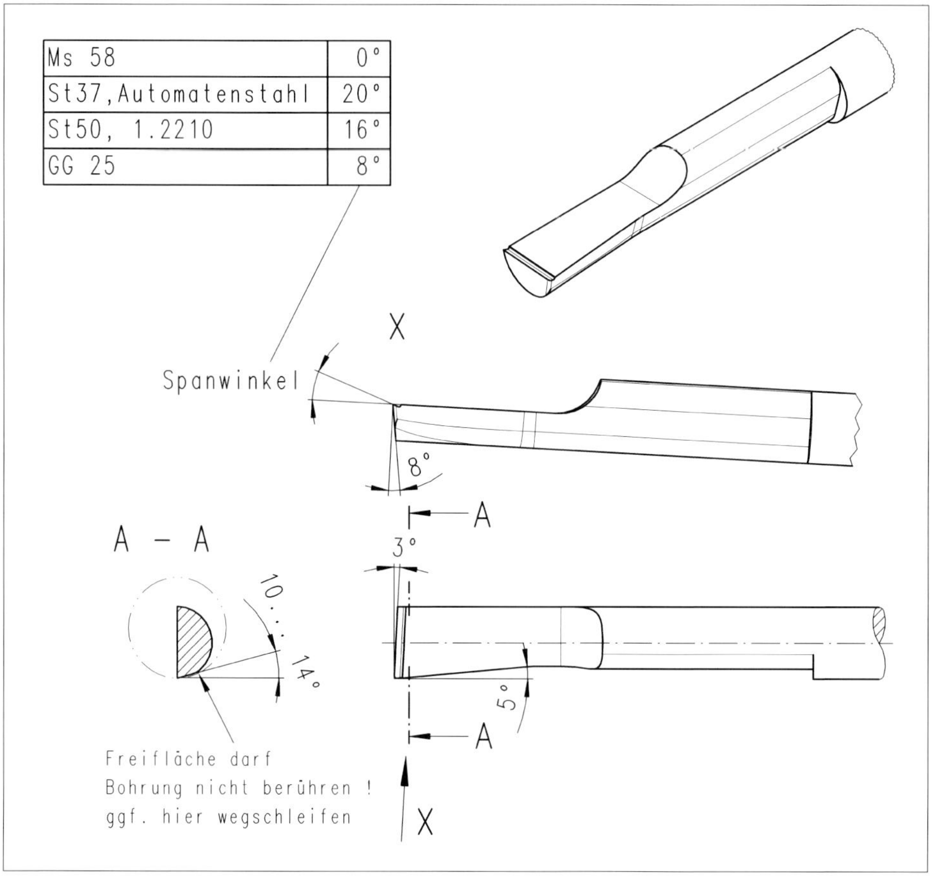

Abb. 12: Innendrehmeißel

2.1.3.4. Allgemeines zum Schleifen

Zum Anschleifen von Drehmeißeln ist mindestens eine Werkstattschleifmaschine („Schleifbock“ mit 2 Schleifscheiben) notwendig. Beim Kauf sollte man darauf achten, dass die Schleifscheiben einen Durchmesser von mindestens 150 mm (besser 175 mm oder 200 mm) haben. Die übliche Schleifscheibenbestückung in Normalkorund ist für das Schleifen von HSS-Stählen nicht besonders gut geeignet, wird aber zunächst ausreichen. Besser sind Schleifscheiben aus weißem Edelkorund (keramische Bindung; Härte J...Q; Körnung für Vorschliff: 36...46; Körnung für Fertigschliff: 60...80).

Wenn die Schleifscheibe nicht sauber rundläuft, stumpf geworden ist oder sich ungleichmäßig abgenutzt hat (z.B. Rillen), muss sie abgerichtet werden. Ein preiswerter und gut handzuhabender Abrichter ist der Schleifscheibenabrichtstab. Er besteht aus einem Handgriff mit einer Metallhülse, in der sich ein Stab aus grobkörnigem Siliziumcarbid befindet. Der Schleifscheibenabrichtstab wird unter geringem Winkel auf die Werkstückauflage gelegt und unter gleichzeitigem leichtem Andruck an die Schleifscheibe auf der Auflage hin- und hergerollt **(Bild 5)**.

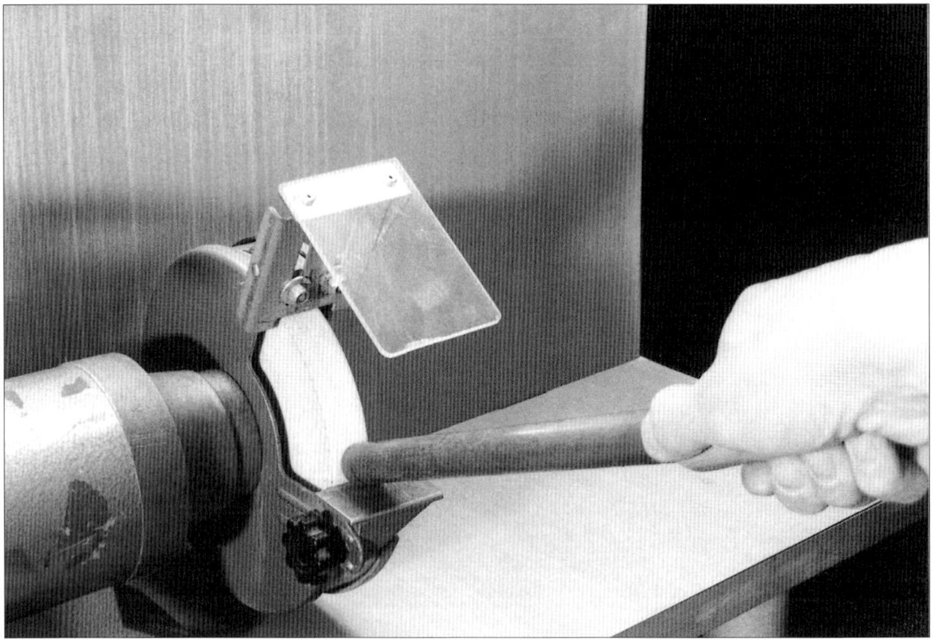

Bild 5: Schleifscheibe; Abrichten

Der Schliff der Drehmeißelflächen erfolgt auf dem Schleifscheibenumfang. Durch den Schleifscheibenradius ergibt sich eine konkave (hohle) Fläche. Dieses kann man mit etwas Übung durch eine ausgleichende Bewegung des Drehmeißels umgehen. Wem dieses nicht gelingt, kann „das letzte Bisschen" auf der Stirnseite schleifen. Beim Schleifen darf stets nur ein leichter Druck auf das Werkzeug ausgeübt werden. Wenn möglich, wird das Werkzeug so gehalten, dass die Bewegung der Schleifscheibe gegen die Schneide gerichtet ist. Jedes Schleifkorn läuft also zuerst an der Schneide vorbei, bevor die an die Schneide angrenzende Fläche geschliffen wird.

In der Nähe des Schleifbocks sollte ein Gefäß mit Wasser stehen. Das zu schleifende HSS-Werkzeug wird des öfteren ins Wasser getaucht, um ein Überhitzen zu vermeiden. HSS behält seine Härte bis ca. 550° C. Doch Vorsicht! Anlauffarben sollten beim Schleifen vermieden werden, weil gerade im Bereich der Schneide die zulässige Temperatur schnell überschritten ist. Sollte sich beim Schleifen herausstellen, dass das Werkzeug schnell anläuft, ohne dass ein nennenswerter Materialabtrag erfolgt, so kann die Schleifscheibe entweder stumpf (→ Abrichten) oder ungeeignet sein.

2.1.4. Höheneinstellung des Drehmeißels

Drehmeißel werden grundsätzlich „auf Mitte" eingestellt. Die Schneidenecke liegt dann genau auf Spitzenhöhe, d.h. auf gleicher Höhe wie die Achse der Drehmaschinenspindel. Besonders beim Drehen von Kegeln ist darauf zu achten, dass derjenige Punkt der Drehmeißelschneide, der die Kontur des Werkstücks erzeugt, exakt auf Spitzenhöhe liegt. Andernfalls entsteht kein exakter Kegel. Auch beim Gewindedrehen und Profildrehen ergibt sich nur dann ein dem Drehmeißelprofil exakt entsprechendes Werkstückprofil, wenn die Drehmeißelschneide auf Spitzenhöhe liegt.

In einigen Fachbüchern wird zum Schruppen eine Einstellung „über Mitte“ (zur Vergrößerung des effektiven Spanwinkels) empfohlen. Bei den im Modellbau üblichen Maschinen ist dies allerdings kaum sinnvoll anzuwenden.

Es gibt aber Situationen, in denen ein geringes Verändern der Höheneinstellung (Außendrehen: meistens unter Mitte; Innendrehen: meistens über Mitte) eine Verbesserung des Zerspanverhaltens mit sich bringt. Bei Profildrehmeißeln aus Werkzeugstahl (z.B. Radiusdrehmeißel, Abb. 32) kann sich bei ungünstigen Einsatzbedingungen relativ schnell ein geringer Verschleiß der Freifläche im Bereich der Schneide ergeben, so dass der Drehmeißel nur noch sehr schlecht schneidet. Bei einer Einstellung geringfügig unter Mitte wird der Drehmeißel wieder schneiden. Das Einstellen unter Mitte darf aber nicht übertrieben werden. Beim Drehmeißel nach Abb. 32 werden 0,1...0,2mm ausreichen. Die entstehende Profilverzerrung ist nur gering und spielt im vorliegenden Fall keine Rolle.

Wie im konkreten Fall die Höhe eines Drehmeißels eingestellt wird, hängt von der Einspannung des Drehmeißels ab. Am einfachsten ist die Höheneinstellung bei Verwendung eines Schnellwechselhalters (z.B. Bild 14). Hier wird die Höhe durch eine Anschlagschraube eingestellt. Da die Anschlagschraube am Wechselhalter angeordnet ist und der Wechselhalter zusammen mit dem darin festgespannten Drehmeißel gewechselt wird, bleibt eine einmal vorgenommene Höheneinstellung erhalten. Da das abgebildete System eine Wechselgenauigkeit von ca. 0,01 mm hat, ist ein sehr bequemes Arbeiten möglich.

Wenn der Drehmeißel durch eine Spannklaue oder im 4-fach-Drehmeißelhalter gespannt wird, stellt man die Höhe üblicherweise mit dünnen Plättchen ein, die unter den Drehmeißel gelegt werden. Für die Feineinstellung eignen sich sehr gut Fühlerlehren. Diese sind recht preiswert als Satz (0,05 mm...1mm) im Fächer zum Einstellen des Ventilspiels (Kfz-Bedarf) erhältlich. Für die Grobeinstellung (bis auf den letzten Millimeter) kann jedes andere ebene Blech benutzt werden. Beim Unterlegen der Plättchen ist darauf zu achten, dass diese den Drehmeißel zumindest im Bereich der Spannstelle und darüber hinaus im Bereich der Auflagefläche möglichst weit in Richtung Schneide unterstützen.

Die Einstellung selber kann auf verschiedene Weise erfolgen:

- Einstellung an der Zentrierspitze im Reitstock

  Hierbei muss sich eine Körnerspitze in der Reitstockpinole befinden. Der Oberschlitten wird nun so nahe an die Körnerspitze gefahren, dass sich die Spitze über der Aufspannfläche für den Drehmeißel oder zumindest sehr nahe daran befindet. Der Drehmeißel wird zunächst so ausgerichtet, dass die Schneidenecke unmittelbar an der Spitze der Körnerspitze zu liegen kommt. Diese Lage des Drehmeißels dient nur zum Ermitteln der unterzulegenden Plättchen bzw. zum Einstellen der Anschlagschraube beim Schnellwechselhalter. Bei Verwendung von Plättchen werden so viele untergelegt, bis die Schneidenecke auf gleicher Höhe liegt wie die Spitze der Körnerspitze. Beim Schnellwechselhalter geschieht die Höheneinstellung durch Drehen der Anschlagschraube (bei gelöstem Spannhebel). Da sich die so eingestellte Höhe beim Spannen des Halters noch geringfügig ändert, muss die Schneidkantenhöhe noch einmal im gespannten Zustand kontrolliert und ggf. korrigiert werden.

- Einstellen durch Messen

  Bei diesem Verfahren muss der Abstand zwischen einer waagerechten Bezugsfläche am Oberschlitten (sinnvollerweise die Aufspannfläche) und der Drehachse bekannt sein. Zur Ermittlung dieses Maßes wird am Ende eines kurzen Stücks Rundmaterial ein zylindrischer Ansatz von einigen Millimetern Länge angedreht. Dann wird vom zylindrischen Ansatz senkrecht auf die Aufspannfläche des Oberschlittens gemessen. Das benötigte Bezugsmaß errechnet sich, indem der halbe Durchmesser des zylindrischen Ansatzes vom ermittelten Maß subtrahiert wird.

  Wenn nun ein Drehmeißel in der Höhe eingestellt werden soll, wird er zunächst so eingespannt, dass sich die Schneidenecke über der Aufspannfläche des Oberschlittens befindet. Dann wird die Höhe der Schneidenecke über der Aufspannfläche des Oberschlittens gemessen. Die Differenz zum Bezugsmaß entspricht der Stärke der unterzulegenden Plättchen. Bei Verwendung eines Schnellwechselhalters erfolgt die Höheneinstellung entsprechend mit der Anschlagschraube.

- Einstellen durch Plandrehen

  Bei allen Drehmeißeln, mit denen ein Plandrehen möglich ist, kann die Höhe dadurch kontrolliert werden, dass an einem eingespannten Stück Material eine Planfläche angedreht wird. Dieses Verfahren ist natürlich nur brauchbar, wenn derjenige Punkt der Schneide, der die Planfläche erzeugt, dem einzustellenden Schneidenpunkt entspricht oder zumindest auf gleicher Höhe liegt. Zum Höheneinstellen ist dieses Verfahren nur sinnvoll anwendbar, wenn die Höheneinstellung mit einer Einstellschraube vorgenommen werden kann (Schnellwechselhalter).

  Sinnvollerweise stellt man den Drehmeißel zunächst nach Augenmaß leicht unter Mitte ein und dreht dann von der Planfläche ca. 0,05...0,1 mm ab. Dabei verfährt man den Planschlitten vom Außendurchmesser des Materials zum Zentrum hin. Da der Drehmeißel unter Mitte steht, bleibt in der Werkstückmitte ein kleiner Butzen stehen. Nun fährt man den Drehmeißel etwas von der Planfläche weg und schaltet die Drehbewegung der Arbeitsspindel aus. Nach Lösen des Spannhebels am Schnellwechselkopf stellt man die Höheneinstellschraube des Schnellwechselhalters etwas nach. Dann wird die Höhenlage erneut durch Plandrehen kontrolliert. Dieses geschieht so oft, bis der Butzen beim Plandrehen gerade verschwindet. Das Wegfahren des Drehmeißels von der Planfläche beim Ändern der Höheneinstellung ist unbedingt erforderlich, da der Schnellwechselhalter beim Lösen des Spannhebels etwas kippt. Das Verfahren klingt sehr umständlich, ist aber mit etwas Übung sehr schnell. Das Ausschalten der Drehbewegung der Arbeitsspindel ist zumindest dann nötig, wenn nicht auszuschließen ist, dass man sich bei der Höheneinstellung an den rotierenden Teilen (Werkstück, Futter) verletzt. Auf jeden Fall sollte man aber die Höheneinstellung mit der rechten Hand (wenn sich das Futter links befindet) vornehmen. Wenn man dann, aus welchen Gründen auch immer (z.B. Erschrecken), die Hand reflexartig wegzieht, geschieht dieses von den gefährlichen Stellen (besonders: Futter) weg.

2.2. Fräser

2.2.1. Schneidstoffe

- Fräser aus HSS

  Diese Fräser gibt es in einer Vielzahl von Ausführungen im Handel. Bei der Auswahl und bei Preisvergleichen sollte man auf die HSS-Sorte achten. Folgende Sorten sind üblich:

HSS (ohne Kobalt)	Profilfräser (z.B. Zahnformfräser, Prismenfräser)
HSS/Co5	größere Fräser, Walzenstirnfräser; universeller Einsatz
HSS/Co8	Standardwerkstoff für Schaftfräser, Langlochfräser
HSS/Co10,	
HSS/Co 12,5	Fräser für schwer zerspanbare Werkstoffe

  Kobalt erhöht die Warmhärte- und Anlassbeständigkeit. Gegenüber einem Fräser mit einem niedrigen Kobalt-Gehalt erträgt ein Fräser mit einem hohen Kobalt-Gehalt also höhere Temperaturen ohne dass die Schneiden weich und damit schnell stumpf werden.

  Während die Werkstoffzuordnung für Fräser aus dem Industriebedarf fast immer gilt, ist bei den Bezugsquellen aus dem Bereich des Modellbaus eine gewisse Vorsicht geboten. Einige Händler bieten minderwertige Fräser zu Preisen an, die teilweise erheblich über denen der Fräser aus dem Industriebedarf liegen.

- Fräser aus Pulverstahl (HSS-PM)

  Fräser aus Pulverstahl vertragen höhere Schnittwerte und sind deutlich teurer als „normale“ HSS-Fräser. Sie werden meistens in beschichteter Ausführung geliefert. Die Anschaffung lohnt sich, wenn HSS-Fräser zu schnell stumpf werden (z.B. Trockenbearbeitung von Stahl).

- Fräser aus HM (Hartmetall)

  Fräser aus HM brauchen genau wie Drehmeißel aus HM stabile Zerspanbedingungen. Auf der GOLmatic kann man HM-Fräser in gewissen Grenzen einsetzen. Sinnvoll ist die Verwendung schon aus Kostengründen aber nur, wenn man mit HSS-Werkzeugen nicht weiter kommt. Wenn z.B. eine große Fräserlänge (im Verhältnis zum Durchmesser) nötig ist und ein HSS-Fräser nicht mehr ruhig arbeitet, kann ein HM-Fräser Abhilfe schaffen. Ein anderer Fall ist z.B. die Bearbeitung gehärteter Stähle.

- Fräser mit HM-Wendeschneidplatten

  Die meisten der unter diese Kategorie fallenden Fräser erfordern sehr leistungsstarke und stabile Maschinen. Da Hartmetall relativ spröde ist, haben die Wendeschneidplatten allenfalls einen geringen positiven Spanwinkel. Damit sich trotzdem keine Aufbauschneiden (siehe Buch „Besseres Drehen und Fräsen“ Kap. 5.2, Aufbauschneiden) bilden, müssen diese Fräser mit einer hohen Schnittgeschwindigkeit arbeiten (nicht bei Ms58, GG). In Verbindung mit dem großen Fräserdurchmesser gerät man sehr schnell an die Leistungsgrenzen einer Fräsmaschine. Ferner sind die Preise für den Grundkörper und die Wendeschneidplatten sehr hoch.

  Auf den stabileren (Modellbau-)Fräsmaschinen kann man allerdings Fräsköpfe (alt: „Messerkopf“) zum Planfräsen einsetzen. Auf der *GOLmatic* setze ich ei-

Bild 6: Fräser

nen Planfräskopf von 52 mm Durchmesser mit 5 runden Wendeschneidplatten Ø 12 insbesondere bei der Bearbeitung von Aluminium und Messing (Drehzahl 1400 min^{-1}) ein **(Bild 6, vorne links)**. In einem Durchgang kann eine max. 40 mm breite Fläche plangefräst werden. Gegenüber einem Schlagzahn (HSS, eine Schneide, Bild 31) arbeitet dieser Fräser wesentlich schneller und ruhiger. Selbstverständlich ist die Schnitttiefe auf max. ca. 1,5 mm (Aluminium, Messing) begrenzt. Auch wenn der Fräserkörper recht teuer ist, so sind doch die Wendeschneidplatten relativ preiswert und können so oft weitergedreht werden, bis die gesamte Schneide verschlissen ist. Insbesondere bei den Wendeschneidplatten mit einem positiven Spanwinkel ergibt sich ein sehr weicher Schnitt, der die Maschine schont.

- beschichtete Fräser

  Sowohl HSS- als auch HM-Fräser sind in beschichteter Ausführung erhältlich (TiN, TiCN, TiAlN, ...). Die Beschichtung bewirkt eine Leistungssteigerung des Fräsers. So kann die Schnittgeschwindigkeit bei gleichzeitiger Erhöhung der Standzeit (Zeit bis der Fräser stumpf ist) gesteigert werden. Für den Modellbaubereich kommen allenfalls beschichtete HSS-Fräser und HSS-PM-Fräser in Frage. Da die beschichteten Fräser deutlich teurer sind als die unbeschichteten Fräser, wird sich die Mehrausgabe im Bereich des Modellbaus nur in wenigen Fällen lohnen. Dies ist z.B. der Fall bei Fräsern, die so teuer sind, dass sich ein Nachschliff lohnt (z.B. Walzenstirnfräser). Wenn der Nachschliff fachgerecht (nur in der Spannut und wenn nötig, stirnseitig) vorgenommen wird, hat die Beschichtung bzw. das, was von ihr noch übrig ist, trotzdem noch eine Wirkung. Ebenfalls sinnvoll sind beschichtete Fräser, wenn unbeschichtete Fräser zu schnell stumpf werden (z.B. wenn Stahl trocken bzw. mit mangelnder Schmierung gefräst werden muss, sowie bei der Bearbeitung von Werkzeugstählen und nicht rostenden Stählen).

- Fräser aus Werkzeugstahl-Halbzeug (Lieferzustand: ungehärtet)

  Für die Anfertigung komplizierter Profilfräser gilt sinngemäß das Gleiche wie für Drehmeißel aus Werkzeugstahl.

2.2.2. Fräserformen

Es ist fast nicht möglich, eine sinnvolle Gliederung für die im Handel erhältlichen Fräser zu erstellen. Die Bezeichnungen entstehen aus verschiedenen Kriterien, wie Spannmöglichkeit, Zweck, Anordnung oder Form der Schneiden usw.

Einige gängige Begriffe sind:

<u>Schaftfräser</u>

Ein Schaftfräser besteht aus dem Schneidenteil und einem Zylinderschaft zum Spannen im Fräserspannfutter oder einem Kegelschaft zum Spannen im Kegel der Frässpindel.

<u>Langlochfräser (Bohrnutenfräser)</u>

Streng genommen ist unter einem Langlochfräser ein zylindrischer Fräser zu verstehen, der am Umfang und stirnseitig Schneiden aufweist, wobei mindestens ein Stirnzahn bis zur Fräserachse ausgebildet ist. Dadurch kann man mit einem solchen Fräser zunächst wie beim Bohren in das Werkstück „eintauchen" und dann durch seitliches Verfahren eine Nut fräsen (Passfedernuten, Langlöcher). Üblicherweise versteht man aber unter einem Langlochfräser einen derartigen Fräser mit zwei Schneiden (Bild 6, vorne rechts).

Zylindrische Schaftfräser mit mehr als zwei Schneiden werden in der Regel als „Schaftfräser" bezeichnet. Dabei gibt es Fräser, bei denen eine oder alle Stirnschneiden bis zur Mitte reichen sowie Fräser, deren Stirnschneiden nicht bis zur Mitte reichen (Bild 6, dritter Fräser von rechts).

<u>Aufsteckfräser</u>

Aufsteckfräser bestehen praktisch nur aus dem Schneidenteil, in dessen Zentrum eine Bohrung mit Mitnahmenut angeordnet ist. Zum Spannen verwendet man einen Fräserdorn (Bild 6, hinten rechts). Dieser hat auf der einen Seite eine Aufnahme für den Fräser und auf der anderen Seite einen Kegel, der zum Kegel der Frässpindel passt.

<u>Walzenfräser</u>

Unter einem Walzenfräser versteht man üblicherweise einen zylindrischen Aufsteckfräser, der nur am Umfang Schneiden aufweist.

<u>Walzenstirnfräser</u>

Ein Walzenstirnfräser ist ein zylindrischer Aufsteckfräser, der am Umfang und an einer Stirnseite Schneiden aufweist (Bild 6, hinten links).

<u>Schlagzahn</u>

Ein Schlagzahn besteht aus einem Fräserkörper und einem Schneideinsatz. Im einfachsten Fall besteht der Fräserkörper aus einem Stück Rundmaterial mit Querbohrung und Klemmschraube (Bild 76). Der Schneideinsatz wird aus einem Stück

HSS-Rundmaterial (Drehling, abgebrochener Gewindebohrer etc.) hergestellt. Im Handel sind auch Halter, in die ein Drehling mit quadratischem Querschnitt eingespannt werden kann (Bild 31). Der Schlagzahn eignet sich besonders zum Schlichtfräsen größerer Flächen. Da die entstehende Werkstückoberfläche von einer einzigen Schneide erzeugt wird, kann eine sehr hohe Oberflächenqualität erzielt werden.

Fräsertyp

Der Anschliff der Fräser ist auf das Zerspanverhalten der jeweiligen Werkzeug-Anwendungsgruppe abgestimmt. Folgende Werkzeug-Anwendungsgruppen sind üblich:

N „normale" Werkstoffe; universeller Einsatz

W weiche Werkstoffe (langspanend); einige Al-Sorten, Kupfer, Zink-Legierungen

H harte und spröde Werkstoffe (kurzspanend); z.B. hochfeste Stähle

Fräser, deren Schneiden durch Spanteilernuten unterbrochen sind, erhalten in der Typkennzeichnung noch ein Kurzzeichen für die Form der Spanteilernuten:

F flacher Zahn; Schruppschlichtfräser

R runder Zahn; Schruppfräser

Schruppfräser (Typ WR, NR, HR)

Die Umfangsschneiden eines Schruppfräsers haben ein Kordelprofil (Bild 6, vierter Fräser von rechts, hinten links). Dabei ist das Profil von Zahn zu Zahn etwas versetzt, so dass jeder Zahn nur einen Teil der Zerspanarbeit leistet und die Werkstückoberfläche erst nach einer vollen Fräserumdrehung entsteht. Es entstehen viele kleine aber dickere Späne. Die einzelnen Schneiden des Fräsers werden geringer belastet und der Fräser läuft ruhiger als ein entsprechender Schlichtfräser. Die gefrästen Flächen genügen allerdings keinen hohen Ansprüchen. Gerade bei den im Modellbau verbreiteten weniger steifen Maschinen haben Schruppfräser zum Vorarbeiten der Flächen Vorteile. Wenn ein Schlichtfräser schon längst rattert, läuft der Schruppfräser noch ruhig. Wenn allerdings nur ein oder zwei „Wellen" des Kordelprofils am Fräsen beteiligt sind, bringt der Einsatz eines Schruppfräsers keine Vorteile.

Schruppschlichtfräser (Typ WF, NF, HF)

Die Umfangsschneiden eines Schruppschlichtfräser entsprechen den Schneiden eines Schlichtfräsers (durchgehende Schneiden), in die Spanbrechernuten eingeschliffen wurden. Die Spanbrechernuten sind von Zahn zu Zahn etwas versetzt. Der Vorteil dieses Fräsers gegenüber einem Schlichtfräser ist hauptsächlich in den kürzeren Spänen zu sehen. Die mit einem Schruppschlichtfräser gefrästen Flächen weisen leichte Rillen auf, sind aber für viele Zwecke durchaus brauchbar. Wenn die Spanbrechernuten relativ breit sind, arbeitet auch dieser Fräser ruhiger als ein entsprechender Schlichtfräser.

Schlichtfräser (Typ W, N, H)

Der Begriff „Schlichtfräser" ist nicht üblich. Vielmehr sind alle Fräser mit nicht unterbrochenen Schneiden als Schlichtfräser zu verwenden. Dennoch gibt es natürlich gewaltige Unterschiede. So ist die erreichbare Oberflächengüte beim Umfangsfräsen sehr stark von der Spiralsteigung abhängig.

Spiralsteigung

Bei einem Fräser mit geraden Schneiden (Spiralsteigungswinkel 0°) kommt jede Schneide schlagartig in den Eingriff. Dies führt zu Schwingungen und Markierungen in der Werkstückoberfläche. Bei einem spiralgenuteten Fräser hingegen dringt jede Schneide allmählich in den Werkstoff ein. Abhängig vom Spiralsteigungswinkel, der Zähnezahl des Fräsers und der Schnitttiefe können auch mehrere Fräserzähne gleichzeitig im Eingriff stehen. Dadurch läuft der Fräser wesentlich ruhiger.

Dieser Effekt kommt natürlich kaum zum Tragen, wenn nur ein dünnes Blech bearbeitet wird, d.h. wenn von den Schneiden nur ein kurzer Bereich genutzt wird. Beim Umfangsfräsen dünner Bleche ist ein großer Spiralsteigungswinkel eher nachteilig, da die in axialer Richtung des Fräsers wirkende Komponente der Schnittkraft senkrecht zur Blechebene wirkt und das Blech zu Schwingungen anregt. Hier sind Fräser mit einem geringen Spiralsteigungswinkel vorteilhafter.

Standardfräser (Typ N) haben Spiralsteigungswinkel von ca. 30°. Fräser vom Typ W haben üblicherweise Spiralsteigungswinkel von ca. 40°. Zur Erzeugung bester Oberflächengüten sind auch Fräser vom Typ N und H im Handel, die einen Spiralsteigungswinkel von 45...50° aufweisen. Diese Fräser „schälen“ den Werkstoff ab und arbeiten auch auf weniger starren Maschinen sehr ruhig. Zur weiteren Steigerung der erzeugten Oberflächengüte gibt es Ausführungen mit 6...8 Schneiden, so dass (bei sinnvollem Einsatz) immer mehrere Schneiden im Eingriff sind. Da diese Fräser, bedingt durch die vielen Schneiden, nur kleine Spanräume (Freiraum zwischen den Schneiden) haben, sind sie wirklich nur für Schlichtarbeiten geeignet.

Beim Fräsen mit spiralgenuteten Fräsern ist zu beachten, dass durch den Spiralsteigungswinkel eine Kraft in Fräserlängsrichtung entsteht. Da die Spirale üblicherweise rechtssteigend ausgeführt ist, wirkt die Kraft so, dass sie den Fräser aus dem Spannfutter bzw. in das Werkstück ziehen möchte. Eine feste Spannung des Fräsers und des Werkstücks sind also absolut nötig, damit kein Ausschuss entsteht. Falls die entsprechende Fräsmaschinenachse und/oder die Pinole (Frässpindelhülse) Spiel aufweist, müssen die zugehörigen Klemmungen gut angezogen werden.

Bei einigen Fräsmaschinen, bei denen der Fräskopf auf einer Rundsäule geführt ist, dient die Höhenverstellbarkeit des Kopfes in der Regel nur zur groben Einstellung der Arbeitshöhe. Die Zustellung bzw. der Vorschub des Fräsers in seiner Längsachse geschieht durch die Verstellung der Pinole. Wenn in der Pinolenverstellung zu viel Spiel in Längsrichtung (toter Gang) vorhanden ist, muss man besonders aufpassen, wenn der Fräser axial ins Material eingetaucht wird. Er zieht sich dann nämlich leicht ins Material, so dass eine exakte Tiefe nicht eingehalten werden kann. Abhilfe bringt bei solchen Maschinen nur das leichte Anziehen der Pinolenklemmung zur Erhöhung der Reibungskräfte oder der Einsatz von Fräsern mit einem geringen Spiralsteigungswinkel.

Wenn man nicht gerade sehr weiche oder sehr harte Werkstoffe bearbeiten muss, wird man sich beim Kauf von Schaftfräsern auf den Typ N (Schlichten) und ggf. Typ NR (Schruppen) beschränken können. Es ist ferner ratsam, am Anfang unbeschichtete HSS-Fräser zu verwenden. Bis man die Möglichkeiten und Grenzen einer Maschine kennt, wird so mancher Fräser nicht durch Verschleiß, sondern durch Abbrechen oder Ausbrechen der Schneidenecken unbrauchbar werden. Zu beachten ist, dass nahezu jeder Werkzeughändler sehr preiswert so genannte „Einwegfräser“ im Programm hat. Diese heißen so, weil es billiger ist, einen stumpfen Fräser durch einen neuen zu ersetzen als ihn nachschleifen zu lassen.

Wenn ein Fräser allerdings nur bei geringen Schnitttiefen eingesetzt wurde und deshalb ausschließlich der Bereich direkt an der Stirnschneide stumpf geworden ist, kann man diesen Teil der Schneide auch mit einem normalen Schleifbock frei Hand wegschleifen. Vorher sollte man sich den Anschliff bei einem neuen Fräser genau ansehen. Trotz größter Sorgfalt werden sich aber Differenzen zwischen den einzelnen Schneiden ergeben. Die Folge ist, dass die im Stirnschnitt gefräste Fläche nur von einer einzigen Schneide erzeugt wird. Dieser Anschlifffehler macht sich bei kleineren Vorschüben kaum bemerkbar. Ohne größere Übung wird es aber nicht gelingen, den Fräser so nachzuschleifen, dass eine Schneide bis zur Mitte schneidet, so dass der Fräser nicht mehr zum „Eintauchen“ eingesetzt werden kann.

Bei teuren Fräsern sollte man deshalb das Nachschleifen einer Werkzeugschleiferei überlassen. Dabei muss man aber aufpassen, dass die Schleiferei auch wirklich Erfahrung mit Fräsern aus der Metallbearbeitung hat! Ich habe es schon erlebt, dass eine auf das Nachschleifen von Fräsern für die Holzbearbeitung spezialisierte Schleiferei die Fräser am Umfang nachgeschliffen hat, wodurch der Durchmesser der Fräser nicht mehr stimmte. Man kann sich leicht vorstellen, dass es eine elende Rechnerei mit sich bringt, wenn man mit einem Fräser von 9,77 mm Durchmesser (vormals 10 mm) auch nur eine rechteckige Tasche fräsen will.

2.2.3. Schneiden und Winkel am Fräser

Die allgemeinen Begriffe wie Freiwinkel, Spanwinkel usw. gelten sinngemäß auch bei Fräsern (wie im Übrigen auch bei allen anderen Zerspanwerkzeugen). Wenn man die Funktion der einzelnen Schneidenbereiche eines Drehmeißels erst einmal verstanden hat, wird es nicht schwer fallen, die entsprechenden Schneidenbereiche auch bei anderen Zerspanwerkzeugen zu finden. Wichtig wird dieses Verständnis aber erst, wenn man Fräser mit besonderen Profilen selbst anfertigen (siehe dazu Buch „Besseres Drehen und Fräsen – Werkzeuge und Tips“) oder stumpfe Standard-Fräser nachschleifen möchte (in stark begrenztem Umfang mit den Mitteln eines Modellbauers möglich).

2.3. Spiralbohrer

2.3.1. Schneidstoffe

- HSS ist der Standard-Werkstoff für Spiralbohrer.
- HSS/E ist ein Oberbegriff für verschiedene Kobalt- bzw. Vanadium-legierte HSS-Sorten der Leistungsklasse E (alte Einteilung).
- Vollhartmetall-Spiralbohrer; HM-bestückte Spiralbohrer

  Stabile Zerspanbedingungen sind auch hier ein absolutes Muss.
- Beschichtete Bohrer

  Sowohl HSS als auch HM-Bohrer sind in beschichteter Ausführung erhältlich (TiN, TiCN, TiAIN...). Die Schichten bewirken auch hier eine Leistungssteigerung.

2.3.2. Spiralbohrerformen

Auch bei Spiralbohrern gibt es eine Fülle von verschiedenen Typen. Neben dem Standard-Typ N für normale Werkstoffe gibt es auch hier die Typen W und H. Insbesondere für tiefe Bohrungen gibt es noch Typen mit einem besonders robusten Querschnitt und einem großen Spanraum (Flachnutspirale, zum Teil mit vorangestelltem Buchstaben „F" gekennzeichnet, z.B. FW). Mit diesen Bohrern können Bohrtiefen von bis zu 5...15 × Durchmesser in einem Zug, d.h. ohne den Bohrer zur Spanentleerung aus der Bohrung ziehen zu müssen, gebohrt werden. Abhängig vom Herstellungsverfahren ist noch zwischen spanlos geformten (rollgewalzt oder fließgepresst) und spanend (profilgeschliffen) hergestellten Spiralbohrern zu unterscheiden. Bei den spanlos geformten Bohrern werden nur die Schneiden und die Führungsfasen geschliffen. Diese Bohrer sind preisgünstig und recht robust (Arbeiten mit der Handbohrmaschine) aber nicht so präzise wie die profilgeschliffenen Bohrer. Die profilgeschliffenen Bohrer hingegen werden aus einem vollen gehärteten Rundstab geschliffen. Durch die besonders glatten Spannuten treten die Späne leichter aus der Bohrung heraus. Ab einem Durchmesser von ca. 3mm werden diese Bohrer meistens mit ausgespitzter Querschneide geliefert (Abb. 13). Durch die Ausspitzung wird die Länge der Querschneide verringert, so dass die Vorschubkraft beim Bohren ins volle Material verringert wird.

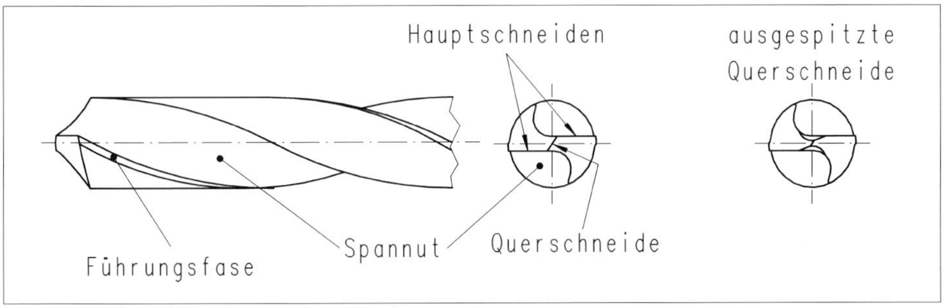

Abb. 13: Spiralbohrer

Alle Spiralbohrer mit Standard-Spitzenanschliffen haben durch die große, aus dem Bohrfutter herausragende Länge und die mehr drückende als schneidende lange Querschneide die Eigenschaft, beim Anbohren auf einer glatten Fläche relativ schnell zu „verlaufen", d.h. die Bohrung entsteht dann nicht exakt an der Stelle, wo sie eigentlich geplant war. Um das zu verhindern, muss die Bohrung zunächst zentriert werden. Dies kann z.B. mit einem Zentrierbohrer geschehen. Dabei ist zu beachten, dass der Durchmesser des Zentrierbohrers mindestens so groß ist wie die Kernstärke des nachfolgenden Spiralbohrers. Dadurch braucht die Querschneide des Spiralbohrers beim Anbohren kein Material zu zerspanen. Erst wenn die Zentrierbohrung weggebohrt ist und der Bohrer am Außendurchmesser vom soeben gebohrten (noch nicht sehr tiefen Loch) geführt wird, tritt die Querschneide in Aktion. Wenn die Bohrposition angekörnt ist und das Werkstück von Hand unter dem Bohrer positioniert wird, kann man bei kleinen Bohrern (bis ca. 2 mm) auch auf ein vorheriges Zentrierbohren verzichten. Die Körnung gibt dem Bohrer dann die nötige Führung beim Anbohren.

Für den Modellbauer kommen schon aus Kostengründen hauptsächlich rollgewalzte bzw. fließgespresste HSS-Spirlbohrer vom Typ N in Frage. Einige werkstoffspezifische Einschränkungen sind zu beachten:

Weiches Material. (z.B. Kupfer, weiche Al-Sorten)

Bei einzelnen Bohrungen in sehr weiches Material wird man sich bei guter Schmierung noch mit Spiralbohrern vom Typ N behelfen können. Wenn aber viele Bohrungen zu bohren sind und/oder man kein Risiko eingehen will, dass das Werkstück Ausschuss wird, sollte man sich zumindest für die in Frage kommenden Durchmesser Bohrer vom Typ W (ggf. mit Flachnutspirale) anschaffen.

Schwer zerspanbare Werkstoffe

Von den schwer zerspanbaren Werkstoffen wird man im Modellbau hauptsächlich die rostbeständigen sowie rost- und säurebeständigen Stähle antreffen. Der rostbeständige Automatenstahl 1.4104 lässt sich noch recht gut mit HSS-Spiralbohrern vom Typ N bohren. Beim rost- und säurebeständigen Automatenstahl 1.4305 ist ohne ein spezielles Schneidöl für schwer zerspanbare Stähle mit HSS-Spiralbohrern vom Typ N nur wenig auszurichten. Wenn mehrere Bohrungen zu bohren sind, sollte man sich für die in Frage kommenden Durchmesser HSS/E-Bohrer für die Bearbeitung rost- und säurebeständiger Stähle anschaffen. Bei allen anderen gängigen rost- und säurebeständigen Stählen (sofern man sie unbedingt einsetzen möchte) sind solche HSS/E-Bohrer (ggf. in beschichteter Ausführung) ein absolutes Muss. Auch diese Bohrer sollte man mit Schneidöl schmieren.

Harte und spröde Werkstoffe

Der Modellbauer wird es hier hauptsächlich mit dem gut zerspanbaren Ms58 ($CuZn39Pb3$, $CuZn40Pb2$) zu tun haben. Solange Werkzeuge mit einem geringen Spanwinkel (oder 0°) eingesetzt werden, macht die Bearbeitung keine Probleme. Spiralbohrer vom Typ N aber haben einen relativ großen Spanwinkel. Ein Bohren ins Volle ist meistens noch gut beherrschbar. Bei Durchgangsbohrungen ist allerdings höchste Vorsicht geboten, wenn die Bohrerspitze die Werkstückrückseite durchbricht. Der Bohrer hakt dann ganz leicht ein und zieht sich an seiner Spirale (wie eine Schraube im Gewinde) in das Werkstück. Das Gleiche kann beim Aufbohren vorgebohrter Löcher passieren.

Bei vorsichtigem Vorgehen, fester Einspannung von Bohrer und Werkstück sowie einem einigermaßen spielfreien Bohrervorschub (Spiel in Bohrerlängsrichtung von Pinole, Schlitten, etc.) lassen sich die meisten Bohrungen in spröde Werkstoffe mit Spiralbohrern vom Typ N herstellen. Sicherer sind aber Bohrer vom Typ H oder Spiralbohrer vom Typ N, bei denen eine Spanflächenfase mit Spanwinkel 0° angeschliffen wurde (siehe dazu Buch: „Drehen und Fräsen – Werkzeuge und Tips", Abschnitt 4.11). Für weiche Werkstoffe ist ein derart geänderter Bohrer aber nicht mehr geeignet.

Glasfaserverstärkte Kunststoffe

Einzelne Bohrungen in glasfaserverstärkte Kunststoffe (z.B. FR4-Leiterplatten) sind mit Spiralbohrern vom Typ N möglich. Man muss aber damit rechnen, dass der Bohrer schon nach wenigen Bohrungen stumpf ist. Wer viele Bohrungen zu bohren hat, ist mit Vollhartmetall-Spiralbohrern oder hartmetallbestückten Spiralbohrern für die Kunststoff-Bearbeitung besser beraten.

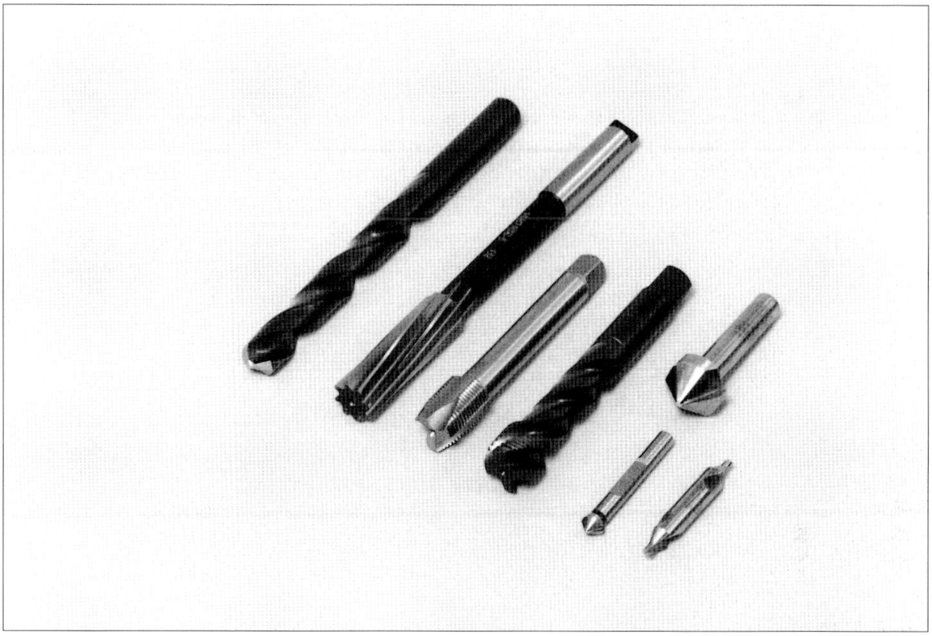

Bild 7: Spiralbohrer mit ausgespitzter Querschneide, Maschinenreibahle, Durchgangsloch-Maschinengewindebohrer, Grundloch-Maschinengewindebohrer, Kegelsenker, Zentrierbohrer

2.4. Zentrierbohrer

Zentrierbohrungen weisen eine kegelige 60°-Senkung (Form A) bzw. konvex gewölbte Senkung (Form R) auf, an die sich eine kurze zylindrische Bohrung anschließt. Zentrierbohrer **(Bild 7, rechts)** haben eine kurze Baulänge und durch die kleine Kernstärke eine kurze Querschneide. Dadurch verlaufen sie beim Anbohren praktisch nicht. Voraussetzung dafür ist selbstverständlich, dass die anzubohrende Fläche senkrecht zur Längsachse des Zentrierbohrers steht. Ferner muss der Zentrierbohrer im Bohrfutter der Bohrmaschine rundlaufen bzw. bei der Verwendung auf der Drehmaschine genau auf die Drehachse des Drehteils ausgerichtet sein. Neben der Verwendung als Zentrierung für einen nachfolgenden Bohrvorgang mit Spiralbohrern braucht man Zentrierbohrungen auch noch, um Werkstücke zwischen Zentrierspitzen zu spannen bzw. mit einer Zentrierspitze zusätzlich abzustützen (z.B. Drehmaschine, siehe Bild 59; Teilapparat, siehe Bild 63).

Die Spitzen der Zentrierbohrer brechen durch die geringe Kernstärke leicht ab. Um die Belastungen klein zu halten, zentriert man mit hoher Drehzahl (im Rahmen der für den jeweiligen Werkstoff zulässigen Schnittgeschwindigkeit) und kleinem Vorschub.

Zentrierbohrer gibt es in verschiedenen Formen. Für Modellbauzwecke kommen die Formen A und R in Frage. Zentrierungen der Form R benötigt man, wenn auf der Drehmaschine schlanke Kegel durch Verstellen des Reitstocks zu drehen sind.

2.5. Gewindewerkzeuge

2.5.1. Gewindebohrer

Gewindebohrer bestehen aus einem Schaft und einem von Nuten unterbrochenen Gewindeteil. Durch die Nuten werden die Schneiden gebildet. Ferner dienen die Nuten zur Aufnahme der Späne und zur Zuführung von Schmiermittel. Der Anfang des Gewindeteils ist kegelförmig angeschliffen. Die ersten Gewindegänge des Gewindebohrers sind also teilweise weggeschliffen. Diesen Bereich nennt man Anschnitt. Durch den Anschnitt wird die Zerspanarbeit auf mehrere Zähne verteilt. Der Gewindegang hat erst dann die volle Tiefe erreicht, wenn der letzte Zahn des Anschnittes seine Arbeit geleistet hat. Die sich an den Anschnitt anschließenden, voll ausgebildeten Zähne dienen der Führung des Gewindebohrers und bestimmen den Vorschub (= Steigung des Gewindes).

Bei Gewinden in Grundlöchern (alt: „Sacklöcher") ist die Länge des Anschnittes von Bedeutung, da die vom Anschnitt erzeugten Gewindegänge nicht die volle Gewindetiefe aufweisen und deshalb nicht nutzbar sind.

Die in der Industrie verwendeten Gewindebohrer sind zum größten Teil hinterschliffen, d.h. direkt hinter der Schneidenkante wird der Durchmesser des Gewindebohrers stetig kleiner (bis zur folgenden Spannut). Dadurch befindet sich das Gewindeprofil des Gewindebohrers nur direkt an der Schneidenkante in engem Kontakt mit dem schon fertig gestellten Gewinde, wodurch die Reibung zwischen Gewindebohrer und Werkstück reduziert wird. Bei vielen Gewindebohrern aus dem Baumarkt hingegen fehlt dieser Hinterschliff. Diese Gewindebohrer muss man manchmal regelrecht in die Bohrung „würgen". Unsaubere Gewinde und eine große Bruchgefahr sind die Folgen.

<u>Handgewindebohrer</u>

Handgewindebohrer werden üblicherweise als Satz von drei bzw. zwei Gewindebohrern geliefert. Der dreiteilige Satz besteht aus einem Vorschneider (gekennzeichnet durch eine Rille am Schaft), einem Mittelschneider (2 Rillen) und einem Fertigschneider (keine Rille). Der Vorschneider, der als erster Gewindebohrer benutzt wird, schneidet nur einen Teil des Gewindeprofils, der Mittelschneider schneidet das Profil dann etwas tiefer und der Fertigschneider vollendet das Gewindeprofil. Beim Vorschneider ist der Anschnitt am längsten (ca. 5 Gewindegänge). Beim Fertigschneider hingegen beträgt er meistens nur zwei Gewindegänge. Durch den langen Anschnitt beim Vorschneider kann man nach den ersten Umdrehungen des Vorschneiders ein eventuelles Verkanten noch korrigieren. Handgewindebohrer werden bis auf die Ausführungen für schwer zerspanbare Werkstoffe aus HSS-Stahl geliefert. Häufig wird empfohlen, den Gewindebohrer beim Gewindeschneiden von Hand nach einer Umdrehung um ca. ¼ Umdrehung zurückzudrehen, damit die Späne gebrochen werden und frisches Schmiermittel an die Schneiden gelangt. Das häufige Abscheren der Späne und Neuanschneiden führt allerdings zu einer vorzeitigen Abstumpfung des Gewindebohrers, so dass man auf das Zurückdrehen während des Schnittes möglichst verzichten sollte. Bei tiefen Gewinden muss der Gewindebohrer aber unter Umständen mehrfach komplett aus dem Gewinde gedreht werden, damit die Späne aus den Nuten entfernt werden können.

<u>Maschinengewindebohrer</u>

Mit Maschinengewindebohrern wird das Gewinde in einem Durchgang geschnitten. Der Gewindebohrer muss aber lagerichtig angesetzt werden. Wenn er erst einmal angeschnitten hat, lässt sich ein Verkanten nicht mehr korrigieren. Man unterscheidet zwischen Grundloch-Maschinengewindebohrern und Durchgangsloch-Maschinengewindebohrern.

Bei Grundloch-Maschinengewindebohrern (Bild 7, viertes Werkzeug von links) sind die Spannuten wendelförmig rechtssteigend (bei Rechtsgewinden) ausgebildet, so dass die beim Gewindeschneiden entstehenden Späne aus der Bohrung gefördert werden. Eine ausreichende Förderwirkung ist nur bei langen Spänen gegeben. Wenn kurzspanende Werkstoffe mit einem Grundloch-Maschinengewindebohrer bearbeitet werden sollen, ist die in einem Zug zu schneidende Gewindetiefe begrenzt, da die Späne relativ schnell die Nuten verstopfen und den Gewindebohrer dann blockieren. Der Anschnitt bei Grundloch-Maschinengewindebohrern erstreckt sich üblicherweise über zwei bis drei Gänge.

Durchgangsloch-Maschinengewindebohrer (Bild 7, drittes Werkzeug von links) haben meistens gerade Spannuten und einen Schälanschnitt (im Winkel zur Gewindebohrerlängsachse, linkssteigend bei Rechtsgewinden). Der Anschnitt erstreckt sich üblicherweise über 4...6 Gänge. Durch den Schälanschnitt werden die beim Gewindeschneiden entstehenden Späne vor dem Gewindebohrer heraus dem Durchgangsloch abgeführt.

Da die Späne beim Grundloch-Maschinengewindebohrer durch die Nuten abgeführt werden, sind die Nuten größer als beim Durchgangsloch-Maschinengewindebohrer. Demzufolge ist der Durchgangsloch-Maschinengewindebohrer stabiler.

Durchgangsloch-Maschinengewindebohrer kann man auch zum Schneiden von Gewinden in Grundlöchern einsetzen. Allerdings sammeln sich die Späne am Bohrungsgrund, so dass man das Gewinde nur dann bis nahe vor den Bohrungsgrund schneiden kann, wenn man den Gewindebohrer zwischendurch öfters aus der Bohrung dreht und die Späne aus der Bohrung „angelt". Bei kurzspanenden Werkstoffen, wie Ms58 und Grauguss, stellt die Entfernung der Späne kein Problem dar, weil sich die kurzen Späne nicht in der Bohrung verhaken. Die übliche Anschnittlänge von ca. vier Gängen bewirkt zudem, dass das Gewinde nur bis max. vier Gewindegänge vor dem Bohrungsgrund genutzt werden kann. Keine Probleme hingegen bereitet das Schneiden von Durchgangsgewinden mit Grundloch-Maschinengewindebohrern.

Der übliche Werkstoff für Maschinengewindebohrer ist HSS/E. Es gibt auch hier verschiedene Ausführungen (Anschliff, Beschichtung bzw. Oberflächenbehandlung) für die einzelnen Werkstoffgruppen. Für Modellbauzwecke sind Grundloch-Maschinengewindebohrer ohne besondere Oberflächenbehandlung ausreichend. Wer aber rost- und säurebeständige Stähle und/oder Kupfer bearbeiten möchte, sollte zumindest eine Ausführung mit vaporisierter Oberfläche wählen.

Die nur geringfügig teureren vaporisierten Gewindebohrer werden im Anschluss an das Härten einer speziellen Dampfbehandlung unterworfen, wodurch sich die Gefahr vermindert, dass sich das Material des Werkstücks mit dem Gewindebohrer verbindet (Kaltaufschweißung). Wenn viele Gewinde in Werkstoffen mit besonderen Zerspaneigenschaften (z.B. Grauguss, rost- und säurebeständige Stähle, Kupfer, weiche Aluminiumlegierungen) zu schneiden sind, ist die Anschaffung eines auf den jeweiligen Werkstoff abgestimmten Gewindebohrers empfehlenswert.

2.5.2. Schneiden von Muttergewinden (Maschinengewindebohrer)

Für eine Gewindebohrung benötigt man zuerst ein Kernloch. Für metrische Regelgewinde ist im Anhang eine Tabelle für die Kernbohrungen zu finden. Der Kernlochdurchmesser sollte eingehalten werden. Absolut falsch ist es, das Kernloch zu klein zu bohren. Die Gewindeflanken werden rau und die Spitze des Gewindeprofils am Kerndurchmesser zeigt Risse. Zudem kann das Gewinde noch zu groß werden. Das Kernloch wird üblicherweise mit einem 90°-Kegelsenker etwas größer als der Nenndurchmesser des Gewindes angesenkt.

Um zu verhindern, dass der Gewindebohrer schräg in die Bohrung gedreht wird, muss er zumindest während der ersten Umdrehungen gut geführt werden. Wenn gewährleistet ist, dass der Gewindebohrer selbst den Vorschub bestimmt, die Maschine eine geringe Drehzahl von max. ca. 160 min^{-1} hat und die Spindel nach dem Ausschalten der Drehbewegung sehr schnell zum Stehen kommt, kann man das Gewinde auch mit der Maschine schneiden. Je nachdem wie der Gewindebohrer gespannt wurde, kann man den Gewindebohrer von der Maschine auch wieder herausdrehen lassen. Dies funktioniert bei kleineren Gewindebohrern sogar mit selbstspannenden Bohrfuttern. Bei Grundlöchern muss man besonders aufpassen, dass der Gewindebohrer nicht bis zum Anschlag in die Bohrung gedreht wird – man kann sich schließlich nicht darauf verlassen, dass er im Spannfutter durchrutscht. Hier muss man die Spindel rechtzeitig anhalten und die verbleibende Gewindetiefe von Hand schneiden. Insbesondere bei tiefen Gewinden muss man aufpassen, dass die Späne ordnungsgemäß aus der Bohrung abgeführt werden. Wenn sich die Späne in den Spannuten stauen, kann der Gewindebohrer schnell abbrechen.

Fräsmaschine:

Die Maschine muss eine bewegliche Pinole und einen Vorschubhebel wie bei einer Bohrmaschine haben. Ein evtl. vorhandener Feinvorschub für die Pinole muss sich auskuppeln lassen. Der Gewindebohrer wird statt des Bohrers in das Bohrfutter oder Spannzangenfutter gespannt. Damit der Gewindebohrer nicht die Pinole „mitschleppen“ muss, unterstützt man die Bewegung der Pinole mit dem Kreuzgriff für den Pinolenvorschub. Da die Steigung des Gewindebohrers den Vorschub bestimmen soll, muss die Bewegungsunterstützung mit Gefühl erfolgen. Bei der *GOLmatic* habe ich dieses Verfahren auch schon bei M3-Gewinden angewendet. Für sehr kleine Gewinde kann man den unter „Drehmaschine“ erwähnten Gewindebohrerhalter einsetzen. Die Führungsachse wird anstelle des Bohrers eingespannt. Der Gewindebohrerhalter wird dann von Hand gedreht, so dass ein Verkanten beim Anschneiden verhindert wird. Auf diese Weise sind auch sehr kleine Gewinde bequem zu schneiden.

Drehmaschine: Einsatz als Fräsmaschine:

Üblicherweise wird auf dem Planschlitten ein vertikaler Frässchlitten zur Aufnahme des Werkstückes befestigt. Der Bettschlitten muss eine Schlossmutter haben, so dass der Bettschlitten bei ausgekuppelter Schlossmutter frei verschiebbar ist. Der Gewindebohrer wird ins Dreibackenfutter oder in ein Bohrfutter im Spindelkonus der Arbeitsspindel gespannt. Beim Gewindebohren wird die Vorschubbewegung durch Betätigen der Kurbel für den Schlitten-Schnellvorschub unterstützt. Wenn der Gewindebohrer im Dreibackenfutter gespannt ist, muss beachtet werden, dass das Dreibackenfutter die Nachlaufzeit der Spindel wesentlich verlängert. Bei kleinen Gewinden ist also besondere Vorsicht geboten.

Drehmaschine:

Bei gelöster Klemmung muss sich der Reitstock leicht verschieben lassen und noch gut geführt sein. Der Gewindebohrer wird in ein Bohrfutter in der Reitstockpinole gespannt. Zur Unterstützung der Vorschubbewegung wird der Reitstock direkt geschoben. Den Antrieb der Maschinc solltc man für die Drehbewegung nur benutzen, wenn man das Verhalten der Maschine und des Gewindebohrers sehr gut kennt. Für kleine Gewinde bis ca. M6 gibt es im Handel Gewindebohrerhalter für den Reitstock (vgl. Schneideisenhalter Bild 10). Der Gewindebohrer wird in einen Gewindebohrerhalter gespannt, der auf einer in den Reitstock gesteckten Achse axial geführt wird. Der Gewindebohrerhalter wird von Hand zum Werkstück vorgeschoben und nach dem Anschneiden des Gewindebohrers am Mitdrehen gehindert. Zum Unterbrechen des Gewindeschneidens wird der Gewindebohrerhalter einfach losgelassen. Mit Maschinengewindebohrern werden die Gewinde üblicherweise in einem Zug geschnitten, d.h. ohne den Gewindebohrer zum Spanbrechen zurückzudrehen. Auch hier gilt aber, dass der Gewindebohrer bei einem drohenden Spänestau zum Entfernen der Späne vollständig aus dem Gewinde gedreht wird.

Wenn mehrere gleiche Gewinde in einer Aufspannung zu schneiden sind, kann man zuerst alle Kernlöcher bohren, diese ansenken und dann alle Gewinde schneiden. Wenn aber nicht sichergestellt ist, dass die Positionen wieder exakt erreicht werden, sollte das Gewinde ohne Veränderung der Werkstückposition direkt nach dem Bohren und Ansenken des zugehörigen Kernlochs geschnitten werden.

Größere Gewindebohrer lassen sich manchmal nicht mehr spannen. Um eine gute Führung beim Anschneiden sicherzustellen, kann man die von der Fertigung stammende Zentrierung auf der Schaftseite nutzen. Große Gewindebohrer haben auf der Schaftseite in der Regel eine Zentrierbohrung, kleine Gewindebohrer eine Zentrierspitze. Nach dem Bohren des Kernlochs wird anstelle des Bohrers eine Zentrierspitze (z.B. Schaft eines abgebrochenen kleinen Gewindebohrers) ins Bohrfutter gespannt. Die Zentrierspitze wird durch den Handvorschub der Pinole mit leichtem Druck in die Zentrierbohrung des Gewindebohrers gedrückt und führt den Gewindebohrer während der ersten Umdrehungen **(Bild 8)**.

2.5.3. Schneideisen

Schneideisen werden üblicherweise aus HSS-Stahl gefertigt. Nur einige Größen der metrischen Regelgewinde sind in HSS/E-Ausführung zum Bearbeiten von schwer zerspanbaren Werkstoffen lieferbar. Schneideisen haben einen Anschnitt von ein bis zwei Gängen, so dass Gewinde nicht bis unmittelbar vor einen Bund geschnitten werden können. Schneideisen ab M3 haben in der Regel auf beiden Seiten einen Anschnitt, so dass diese auch von beiden Seiten benutzt werden können. Alle anderen Schneideisen werden von der beschrifteten Seite benutzt.

2.5.4. Schneiden von Bolzengewinden

Der Durchmesser des Bolzens, auf den das Gewinde geschnitten werden soll, darf auf keinen Fall größer als der Nenndurchmesser (Außendurchmesser) des Gewindes sein. Die Oberflächenqualität des Gewindes wird besser, wenn der Bolzendurchmesser etwas geringer ist. Bei Stahl wird der Durchmesser etwa 0.1 x Gewindesteigerung kleiner gewählt. Bei den kurzspanenden Werkstoffen kann die Durchmesserreduzierung geringer ausfallen. Damit das Schneideisen gut an-

Bild 8: Gewindebohrer, gerades Anschneiden durch Führung mit Zentrierspitze

schneidet, erhält das Bolzenende eine 45°-Fase, die etwas größer als die Gewindetiefe ist.

Die meisten Gewinde können direkt auf der Drehmaschine geschnitten werden, so dass ein schiefes Anschneiden mit einfachen Mitteln verhindert werden kann. Damit das Schneideisen gerade anschneidet, wird es mit der Stirnfläche der Reitstockpinole oder des Bohrfutters im Reitstock gegen das Bolzenende gedrückt, während das Dreibackenfutter gleichzeitig mit der Hand gedreht wird. Ein Griff des Schneideisenhalters stützt sich dabei auf dem Oberschlitten (nicht auf dem Drehmaschinenbett!) ab **(Bild 9)**. Durch die einseitige Abstützung wirkt auf das Werkstück eine Kraft quer zur Drehachse. Deshalb muss der aus dem Futter hervorstehende Werkstückbereich so stabil sein, dass er von dieser Kraft nicht abgedrängt wird.

Der Antrieb der Maschine darf für die Drehbewegung nicht benutzt werden, weil das Werkstück aus dem Futter gerissen oder verbogen wird, wenn es, aus welchen Gründen auch immer, die Querkraft nicht mehr aufbringen kann. Gefährlich wird es

Bild 9: Schneideisen; gerades Anschneiden durch Führung mit Reitstock

auch, wenn ein Gewinde bis vor einen Bund zu schneiden ist und die Drehbewegung nicht rechtzeitig gestoppt wird.

Bequemer ist das Schneiden mit einem Schneideisenhalter für den Reitstock **(Bild 10)**. Das Schneideisen wird in einem zylindrischen Halter aufgenommen der auf einer in den Reitstock gesteckten Achse axial geführt wird. Der Schneideisenhalter wird von Hand zum Werkstück vorgeschoben und nach dem Anschneiden des Schneideisen am Mitdrehen gehindert. Da das Gewindeschneiden durch Loslassen des Schneideisenhalters schnell zu unterbrechen ist, kann man den Antrieb der Maschine für die Drehbewegung verwenden. Je nach Werkstoff lassen sich so Gewinde bis ca. M8 schneiden.

2.5.5. Schmierung beim Gewindeschneiden

Beim Gewindeschneiden wird der Werkstoff unter recht ungünstigen Bedingungen zerspant. Zwischen Gewindebohrer, Werkstück und Span finden starke Reibvor-

Bild 10: Schneideisen; gerades Anschneiden durch Schneideisenhalter

gänge statt. Deshalb muss beim Gewindeschneiden ein dafür geeignetes Schmiermittel verwendet werden. Diese gibt es in fester Form als Schmierstift, als Paste und als Schneidöl im Handel. Insbesondere bei der Bearbeitung von rost- und säurebeständigen Stählen, Aluminium und Kupfer kann das Schmiermittel über Erfolg oder Misserfolg entscheiden. Gewinde in Ms58 können trocken geschnitten werden, eine Schmierung bringt aber Vorteile. Gewinde in Grauguss werden trocken geschnitten.

2.6. Reibahlen

Mit einer Reibahle wird eine bis auf wenige 1/10 mm vorgebohrte Bohrung aufgebohrt. Durch die besondere Schneidengeometrie der Reibahle entsteht dabei eine maß- und formgenaue Bohrung mit hoher Oberflächengüte. Die Schneiden der Reibahle haben zunächst einen meist kegeligen Anschnitt. In diesem Bereich wird der Werkstoff zerspant. Im anschließenden Führungsteil glätten die Schneiden die Bohrungswand. Beim Reiben hat die Bohrung also erst dort den richtigen Durchmesser, wo der Anschnitt in den Führungsteil übergeht. Beim Reiben von Grundbohrungen ist daher die Länge des Anschnittes von besonderem Interesse.

Handreibahlen haben einen langen schlanken Anschnitt. Dieser gibt der Reibahle beim Anschneiden eine gute Führung in der Bohrung (vgl. Anschnitt beim Vorschneider eines Handgewindebohrer-Satzes). Durch den langen Anschnitt sind Handreibahlen fast nur bei Durchgangsbohrungen einsetzbar. Der Werkstoff ist meistens HSS.

Maschinenreibahlen werden von der Maschine geführt und haben deshalb nur einen sehr kurzen Anschnitt. Der Schaft ist zylindrisch (DIN 212) oder kegelig

(DIN 208). Der übliche Werkstoff für Maschinenreibahlen ist HSS/E. Es gibt Ausführungen mit geraden Schneiden und solche mit wendelfömigen Schneiden (Bild 7, zweites Werkzeug von links). Zu empfehlen sind auf jeden Fall Reibahlen mit wendelfömigen Schneiden, da diese auch in Bohrungen mit Längsnuten einzusetzen sind.

Im Modellbau sind Reibahlen durchaus sinnvoll einzusetzen. Es erspart doch sehr viel Mühe und auch so manchen Ausschuss, wenn man genaue Bohrungen recht schnell und sicher herstellen kann. Die Größe der Reibahle ist gekennzeichnet durch das Nennmaß (= Durchmesser der Bohrung) und die Toleranz der damit herzustellenden Bohrung. Die gängige Toleranz für Reibahlen ist „H7" (siehe Kap. 1.5.).

Gerieben wird mit einer gegenüber dem Bohren deutlich verringerten Schnittgeschwindigkeit. Der Vorschub kann in weiten Bereichen variieren. Ein großer Vorschub schont die Reibahle, ergibt aber eine schlechtere Oberflächengüte als ein kleiner Vorschub. Während sich die Reibahle in der Bohrung befindet, darf sie auf keinen Fall rückwärts gedreht werden! Die Späne in der Bohrung würden dabei sowohl die Bohrung als auch die Reibahle ruinieren.

2.7. Kegelsenker

Kegelsenker werden zum Ansenken und Entgraten von Bohrungen verwendet. Die gängigste Ausführung hat drei Schneiden und besteht aus HSS (Bild 7, zweites Werkzeug von rechts). Kegelwinkel von 90° und 60° sind erhältlich. Als Grundausstattung reichen 90°-Kegelsenker von 6,3 mm und 12,4 mm. Der Senker wird mit einer geringen Schnittgeschwindigkeit und guter Schmierung (nicht bei GG) verwendet.

2.8. Bezugsquellen

Im Allgemeinen muss davon abgeraten werden, zerspanende Werkzeuge für die Metallbearbeitung im Supermarkt oder im Baumarkt zu kaufen. Gerade einzeln verpackte Spiralbohrer sind dort erheblich teurer als ein entsprechender Spiralbohrer aus dem Werkzeughandel. Bei den kleinen Größen kann es durchaus passieren, dass man im Baumarkt das Zehnfache des Werkzeughandel-Preises bezahlt! Bis zu einer Größe von ca. 2 mm (abhängig vom jeweiligen Händler) muss man allerdings meistens eine Verpackungseinheit von 10 Stück abnehmen. Da diese kleinen Bohrer aber schlecht nachzuschleifen sind und auch schnell mal abbrechen, ist ein kleiner Vorrat eher vorteilhaft.

Die in Baumärkten ebenfalls angebotenen Gewindewerkzeuge für metrische Gewinde kosten oft weniger als ein Gewindebohrer aus dem Werkzeughandel. Allerdings lässt die Qualität in vielen Fällen zu wünschen übrig: Es gibt billige Gewindebohrer, die selbst beim Schneiden von Gewinden in Ms58 nach wenigen Gewindegängen so stark klemmen, dass ein Weiterdrehen zum Bruch des Gewindebohrers führt.

Das oben Gesagte trifft meistens nur auf Werkzeughändler zu, die ein großes Programm an Zerspanwerkzeugen haben. Bei typischen Eisenwarenhändlern, deren Auswahl an Zerspanwerkzeugen sich auf Bohrer und Gewindewerkzeuge beschränkt, bezahlt man oft Apothekenpreise. Auch einige wenige der anderen

Werkzeughändler haben noch eine merkwürdige Preisgestaltung, bei der Industriekunden bis zu 80 % Rabatt auf den Listenpreis bekommen. Der Bastler, der es wagt, diese Leute zu stören, wird natürlich den Listenpreis bezahlen müssen. Glücklicherweise haben die meisten Händler inzwischen realistische Katalogpreise, auf die nur wirklich gute Kunden einen Rabatt von 20...30 % erhalten.

Man sollte sich durchaus überwinden und einen entsprechenden Werkzeughändler aufsuchen. Ein freundliches Auftreten wird meistens auch honoriert. Viele Händler sind auf einen Barverkauf eingerichtet, da es auch viele Handwerker gibt, die nur so wenig kaufen, dass sich die Einrichtung eines Kundenkontos nicht lohnt. Es versteht sich aber von selbst, dass man nicht ständig beim Werkzeughändler „auflaufen“ kann, nach Preisen fragt und nach einer längeren Phase des „Sich-nicht-entscheiden-könnens“ wieder von dannen zieht, ohne etwas gekauft zu haben. Ein solches Verhalten würde man selbst ja auch nur begrenzt ertragen.

3. Messgeräte

Beim Messen geht es darum, einen Messwert für eine bestimmte Messgröße (z.B. Länge, Winkel) zu ermitteln. Zusammen mit einem z.B. in einer Zeichnung vorgegebenen Sollwert kann man dann die weiteren Bearbeitungsschritte festlegen. Da ein Messwert nur Sinn macht, wenn er im Rahmen der notwendigen Genauigkeit mit der Messgröße übereinstimmt, muss man beim Messen besonders darauf achten, dass sich keine Fehler einschleichen. Die meisten Fehler entstehen durch Verkanten des Messgerätes und durch Späne und Grate, die mitgemessen werden. Zur Kontrolle sollte man zweimal messen – wenn die Messwerte nicht übereinstimmen, ist irgendetwas nicht in Ordnung.

3.1. Messschieber

Für viele Messaufgaben reicht ein einfacher Messschieber mit einem Messbereich von 150 mm („Taschenmessschieber“) und einem Nonius, der eine Ablesung von 1/20 mm erlaubt. Damit kein Ablesefehler entsteht, wenn man nicht exakt senkrecht und mit einem Auge auf den Maßstab schaut, müssen die Teilstriche des Nonius ohne nennenswerte Höhendifferenz zu den Teilstrichen des Maßstabs liegen (parallaxenfreie Ablesung). Üblich sind Ausführungen mit keilförmigem Nonius und Ausführungen, bei denen Maßstab und Nonius eine Ebene bilden. Der Schieber lässt sich bei den meisten Ausführungen feststellen. Wenn der Maßstab in der Messposition des Messschiebers schlecht abzulesen ist, kann man den Schieber feststellen, den Messschieber ohne Verkanten vom Werkstück abziehen und das Maß dann bequem ablesen. Allerdings kann es bei einer derartigen Vorgehensweise passieren, dass sich der Schieber des Messschiebers beim Abziehen verstellt.

Wesentlich bequemer sind Messschieber mit einer Rundskala (Uhr-Messschieber) zum Ablesen der Werte zwischen den vollen Millimetern. Es sind Ausführungen mit Skalenteilungen von 0,05 mm, 0,02 mm sowie 0,01 mm erhältlich.

Messschieber mit Digitalanzeige sind noch bequemer abzulesen und haben zudem den Vorteil, dass man den Nullpunkt an jeder beliebigen Stelle im Messbereich setzen kann. Dadurch lassen sich Differenzen zwischen zwei Werkstücken oder Bohrungsabstände (bei identischem Bohrungsdurchmesser) sehr bequem messen. Man sollte beim Kauf darauf achten, dass sich der Messschieber abschalten lässt. Sonst ist nach ca. einem Jahr ein Batteriewechsel fällig, egal ob man den Messschieber nun benutzt hat oder nicht.

Trotz der Anzeige von 1/100 mm sollte man sich aber keinen Illusionen über die absolute Genauigkeit hingeben. Alle genannten Ausführungen haben eine Genauigkeit nach DIN 862, die eine Abweichung von ± 0,04 mm bei einer Messlänge bis 200 mm zulässt. Viele Hersteller grenzen die zulässige Abweichung auf 0,03 mm ein. Für einige Anwendungen (z.B. Kugellagersitze) reicht diese Genauigkeit aber nicht aus. Wenn man allerdings für eine zu fertigende Passung das zugehörige Gegenstück (z.B. das Kugellager) zur Verfügung hat, sieht die Angelegenheit schon anders aus. Man kann das konkrete Maß (z.B. Außendurchmesser des Kugellagers) messen und muss dann beim zugehörigen Sitz „nur“ das gleiche Maß erreichen. Hier hat dann der Uhr-Messschieben (0,01 mm Ablesung) Vorteile gegenüber dem

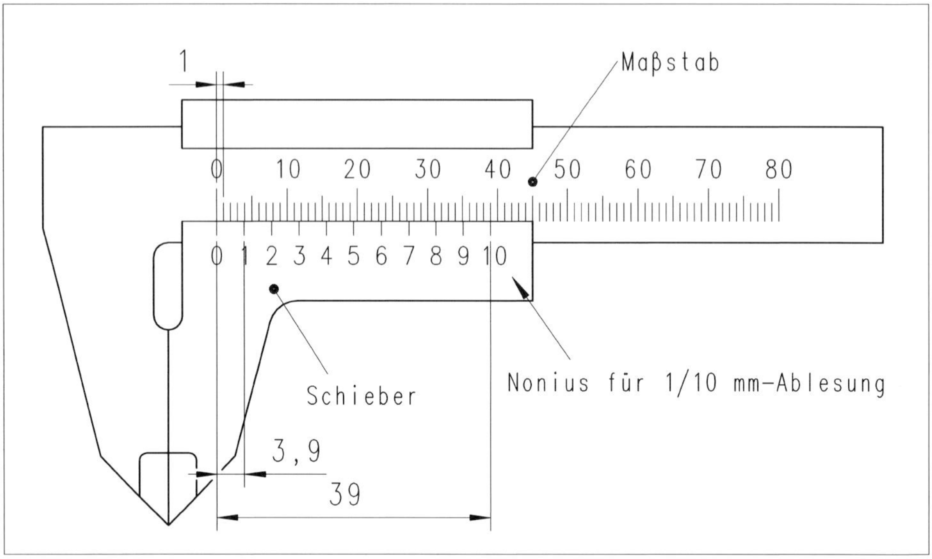

Abb. 14: Messschieber

Digital-Messschieber, denn Zwischenwerte zwischen den 0,01-mm-Werten lassen sich zumindest noch grob abschätzen. Der Digital-Messschieber hingegen „rundet" die Zwischenwerte auf volle 1/100 mm (Digitalsprung). Beispielsweise werden alle Messwerte, die größer oder gleich 49,995 mm und kleiner als 50,005 mm sind, als 50,00 mm angezeigt. Dem Anfänger mögen solche Betrachtungen noch etwas befremdlich anmuten, denn er hat bei den ersten Versuchen vermutlich schon Probleme mit dem 1/10. Mit etwas Erfahrung, einer guten Kenntnis der Maschine und geeignetem Werkzeug ist das 1/100 aber durchaus beherrschbar.

Selbst wenn man einen Digital-Messschieber oder einen Uhr-Messschieber besitzt, sollte ein einfacher (preiswerter) Messschieber in keiner Werkstatt fehlen. Es macht schließlich keinen Sinn, den teuren Messschieber zu strapazieren, wenn man nur ein passendes Stück Material sucht.

3.2. Ablesen von Nonien

Bei analogen Messschiebern (ohne Uhr) findet man meistens einen Nonius. Aber auch wenn es um Winkelteilungen geht, findet man oft einen Nonius (Teilapparat, Winkelmesser, Winkelverstellung des Fräskopfes, etc.). Der Nonius dient in allen Fällen der Unterteilung eines Skalenteilungswertes.

Der Maßstab eines Messschiebers **(Abb.14)** hat in der Regel eine Skalenteilung von 1 mm. Deutlich kleinere Teilungen sind technisch zwar möglich, aber kaum noch ohne Lupe abzulesen. Aus diesem Grunde bleibt man bei der 1-mm-Teilung (bzw. 1°-Teilung bei Winkelskalen) und benutzt zur Unterteilung dieses Teilungswertes einen Nonius.

Der Nonius eines Messschiebers besteht im Prinzip aus einem zweiten Maßstab, der auf dem Schieber (beweglicher Messschenkel) angebracht ist und eine andere

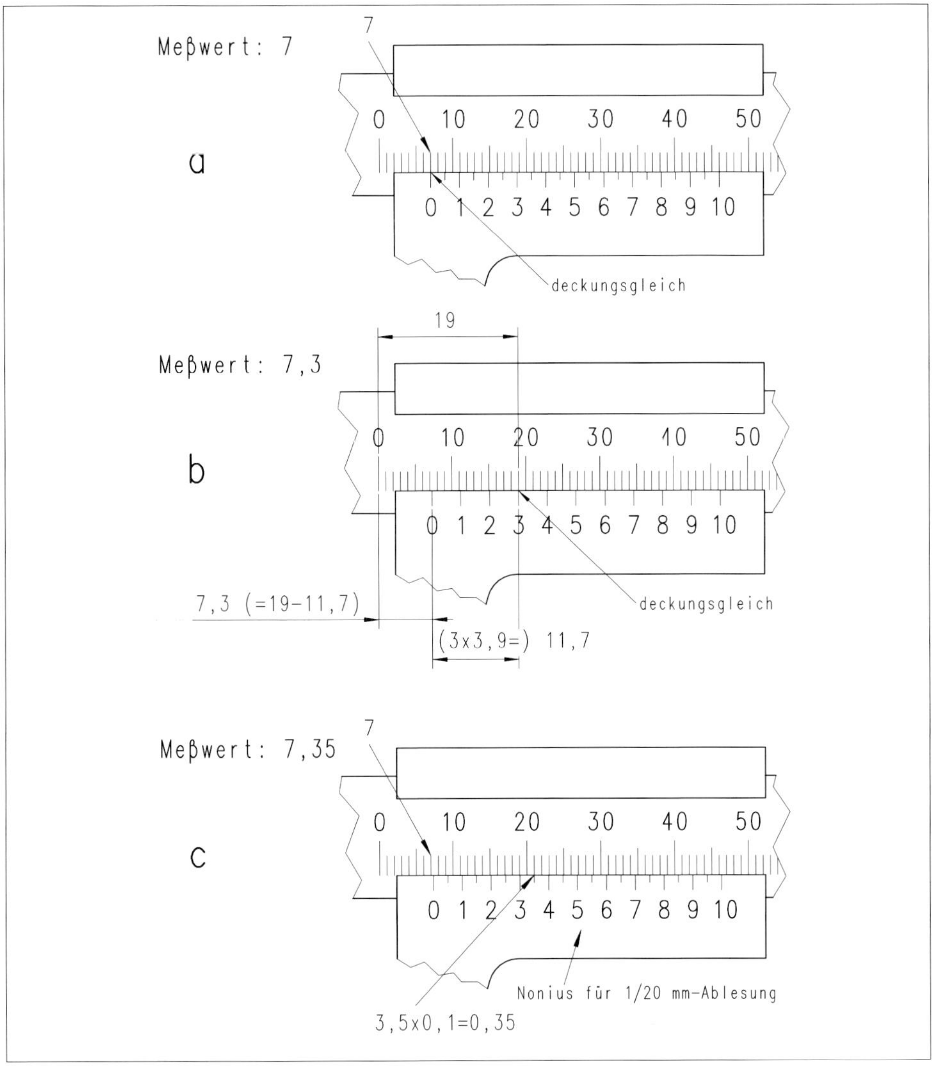

Abb. 15: Ablesen von Nonien

Teilung aufweist als die Teilung des mit dem festen Messschenkel verbundenen Maßstabes. Der Nullstrich des Nonius ist so angeordnet, dass er mit dem Nullpunkt des Maßstabes übereinstimmt, wenn die beiden Messschenkel geschlossen sind (Abb. 14).

Wenn sich beim Messen der Nullstrich des Nonius mit einem Teilstrich des Maßstabes deckt, ist der Messwert direkt am Maßstab abzulesen – der Nonius hat dann keine Funktion (Abb. 14, 15a). Bei Zwischenwerten liegt der Nullstrich des Nonius zwischen zwei Teilstrichen des Maßstabes. Dann sucht man rechts des Nullstriches denjenigen Teilstrich des Nonius, der sich mit einem Teilstrich des Maßstabes deckt. Die zu diesem Teilstrich gehörige Zahl gibt nun die 1/10 mm an. Bei den meisten Nonien befindet sich zwischen den 10 bezifferten Teilstrichen noch jeweils ein Teilstrich, so dass sich 1/20 mm = 0,05 mm ablesen lässt **(Abb. 15c)**.

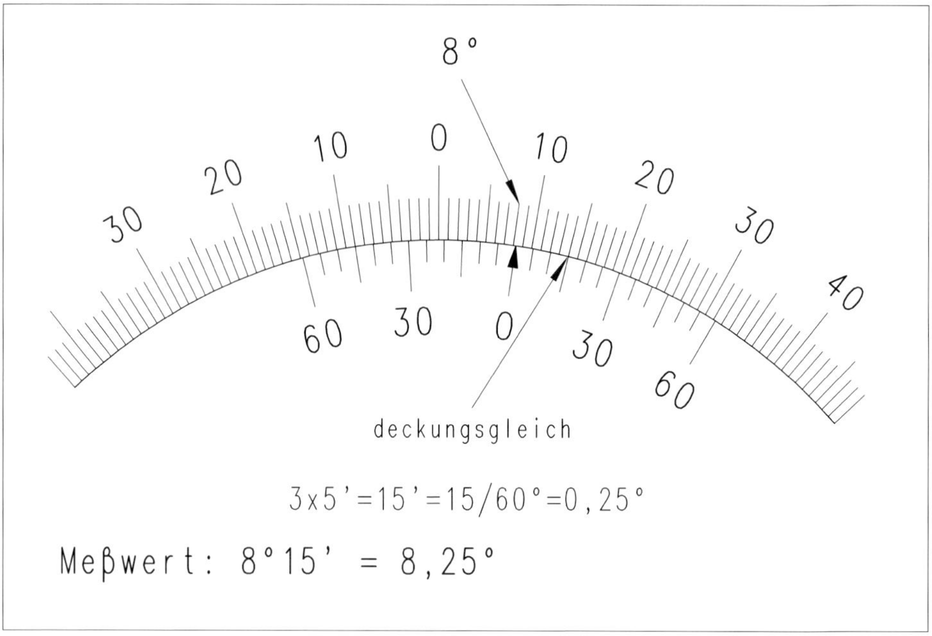

Abb. 16: Winkel-Nonien

Allgemein gilt, dass sich der kleinste auf einem Nonius ablesbare Teilwert (Noniuswert) ergibt, wenn man den Skalenteilungswert des Maßstabes durch die Anzahl der Noniusteilungen dividiert.

Das Prinzip soll im Folgenden anhand eines Beispiels erläutert werden. Ein bei Messschiebern üblicher Nonius hat eine Länge von 39 mm. Unterteilt man diese Strecke in 10 gleiche Teile, ergibt sich ein Abstand zwischen den Teilstrichen von 3,9 mm (Abb. 14). Im in Abb. 15b dargestellten Beispiel deckt sich der dritte Nonius-Teilstrich mit dem 19-mm-Teilstrich des Maßstabes. Das gemessene Maß entspricht genau der Stellung des Nonius-Nullstriches am Maßstab. Da man den Messwert hier nicht direkt ablesen kann, stellen wir uns vor, dass wir auf dem Maßstab bis 19 mm (Übereinstimmung der Teilstriche) gehen und dann drei Teilstriche (= 3 × 3,9 mm) auf dem Nonius zurückgehen. Der Nonius-Nullstrich liegt also bei:

$$19\ \text{mm} - 3 \times 3{,}9\ \text{mm} = 7{,}3\ \text{mm}$$

Winkel-Nonien **(Abb. 16)** sind im Prinzip genauso aufgebaut. Hier trifft man aber häufig auf doppelte Nonien (links und rechts vom Nonius-Nullstrich). Dies ist immer dann der Fall, wenn die Skalenscheibe sowohl eine im Uhrzeigersinn steigende Skala als auch eine im Gegenuhrzeigersinn steigende Skala aufweist. Man benutzt (genau wie beim Messschieber) stets den Nonius, der sich in der gleichen Richtung erstreckt wie die auf der Skalenscheibe abgelesenen vollen Winkelgrade. Eine weitere Besonderheit bei Winkel-Nonien betrifft die Teilung. Üblich sind 12 Teilstriche. Dementsprechend ist der Noniuswert 1/12° = 5 Winkelminuten = 5‘ (1 Winkelminute = 1/60°).

3.3. Bügelmessschraube

Bügelmessschrauben dienen dem Messen von Außenmaßen (z.B. Außendurchmesser). Die übliche Stufung des Messbereiches beträgt 25 mm (0...25 mm, 25... 50 mm usw.). Die Skalentrommel hat meistens 50 Teilstriche, wobei jeder Teilstrich 0,01 mm bedeutet. Pro Umdrehung der Skalentrommel bewegt sich die Messspindel demnach um 0,5 mm. Beim Ablesen der vollen und halben Millimeter auf der Skalenhülse muss man etwas aufpassen – ein Ablesefehler von 0,5 mm ist schnell passiert. Eine grobe Kontrolle mit dem Messschieber kann also im Zweifelsfall nicht schaden. Mit Bügelmessschrauben muss man beim Messen sehr vorsichtig umgehen. Durch das feine Gewinde, das die Messspindel bewegt, können sehr schnell Kräfte erzeugt werden, die nicht nur zu einem falschen Messwert führen sondern auch noch die Bügelmessschraube beschädigen können. Aus diesem Grund haben Bügelmessschrauben eine Kupplung eingebaut, die die Messkraft begrenzt, wenn man die Messspindel durch Drehen an der Kupplung langsam an das Werkstück herandreht. Die Genauigkeit von Bügelmessschrauben ist deutlich besser als die Genauigkeit von Messschiebern. Um Messfehler durch den Einfluss der Handwärme zu vermeiden, haben die meisten Ausführungen einen mit Kunststoffplatten verkleideten Bügel. In den für Modellbauer interessanten Messbereichen sind Bügelmessschrauben preiswert.

3.4. Haarwinkel/Haarlineal

Haarlineale haben eine feine, genau gefertigte Kante. Wenn man das Haarlineal mit der Messkante (einigermaßen) senkrecht auf die zu prüfende Werkstückfläche hält und flach über die Werkstückfläche gegen eine Lichtquelle schaut, kann man Unebenheiten der Fläche am auftretenden Lichtspalt erkennen. Es lassen sich so noch Unebenheiten bis zu ca. 2/1000 mm erkennen. Haarwinkel haben zusätzlich einen rechtwinklig zur Haarmesskante angeordneten Schenkel, so dass auch die Rechtwinkligkeit zweier Flächen zu prüfen ist. Beim Messen der Rechtwinkligkeit muss der Schenkel ohne Haarmesskante fest an eine der zu prüfenden Flächen angedrückt werden, damit eine vorhandene Abweichung von der Rechtwinkligkeit an der Haarmesskante zu sehen ist.

3.5. Messuhr

Eine Messuhr mit einem Messbereich von 10 mm und einem Skalenwert von 0,01 ist an Dreh- und Fräsmaschinen äußerst vielseitig zu gebrauchen: Ausrichten von Werkstücken und Schraubstöcken, Rundlaufprüfung, Messen von Längen, Anzeige von Verfahrwegen an Maschinenschlitten (Bild 27) etc. Wenn man mit dem üblicherweise mitgelieferten kugelförmigen Tastbolzen nicht an die Messstelle herankommt, lässt sich dieser gegen andere handelsübliche Tastbolzen auswechseln. Bei vielen Messaufgaben benötigt man zum Halten der Messuhr ein Magnetstativ (Bild 64).

3.6. Fühlhebelmessgerät

Fühlhebelmessgeräte sind Messuhren mit einem schwenkbaren Tastarm (Bild 11). Der Tastarm lässt sich von Hand (in Schwenkrichtung) verstellen, so dass man auch schlecht zugängliche Messstellen erreicht. Fühlhebelmessgeräte haben nur einen relativ geringen Messbereich (typisch: ± 0,8 mm bei 0,01 mm Skalenwert), sind aber in vielen Fällen zum Zentrieren und Ausrichten unersetzlich. Es gibt

Ausführungen, bei denen die Messrichtung (Richtung, in der der Tastarm durch eine eingebaute Feder bewegt wird) automatisch umgeschaltet wird und solche, bei denen dies mit einem kleinen Hebel geschieht. Zum Halten benötigt man auch hier meistens ein Magnetstativ.

3.7. Ausrichten mit Messuhr/Fühlhebelmessgerät

Grundsätzlich sollte man versuchen, möglichst viele Bearbeitungsschritte in einer Aufspannung, d.h. ohne das Werkstück auszuspannen, zu erledigen. Dieses gilt insbesondere, wenn Anforderungen hinsichtlich Form und Lage (z.B. Rundlauf, Rechtwinkligkeit) zu beachten sind. Ein Fertigen in einer Aufspannung ist aber nicht immer möglich, so dass ein Ausrichten des Werkstücks nach dem Umspannen erforderlich wird. Auch Spannzeuge (z.B. Schraubstock) und winkelverstellbare Maschinenteile (z.B. Oberschlitten) müssen für ein präzises Arbeiten ausgerichtet werden.

Beim Ausrichten wird das auszurichtende Werkstück, Spannzeug usw. meistens durch Schläge mit einem Hartholz-, Kunststoff- oder weichen Metallstück bewegt. Insbesondere bei nicht stoßgeschützten Messuhren sollte der Tastbolzen dabei möglichst vom Werkstück abgehoben werden, damit sich die Schläge nicht auf das Messuhrgetriebe übertragen und dieses beschädigen. Bei den meisten Messuhren tritt das zweite Ende des Tastbolzen offen aus dem Messuhrgehäuse heraus, so dass man den Tastbolzen hier gut fassen und zurückziehen kann. Wenn ein Abheben des Tastbolzens nicht zu realisieren ist, sollte die Schlagrichtung so gewählt werden, dass die dadurch ausgelöste Werkstückbewegung den Tastbolzen entlastet.

Sehr preiswerte Messuhren haben allerdings meistens eine so robuste Mechanik, dass eine besondere Rücksichtnahme nicht erforderlich ist. Man sollte aber von solchen Messuhren keine zu hohe Genauigkeit erwarten.

3.7.1. Ausrichten von geraden Kanten

Ein typisches Beispiel ist das Ausrichten eines Schraubstockes auf dem Maschinentisch. In der Regel wird man die feste Backe parallel zu einer der Verfahrrichtungen des Fräsmaschinentisches ausrichten. Auch wenn an winkelverstellbaren Schraubstöcken Winkelskalen angebracht sind, kann man sich auf die Anzeige nicht immer verlassen. Ferner ist es auch kaum möglich, die Null-Stellung nur nach der Winkelskala exakt genug einzustellen. Eine genaue Ausrichtung kann mit einer Messuhr oder einem Fühlhebelmessgerät erfolgen. (Im Folgenden verwende ich stets die Begriffe Messuhr und Tastbolzen.)

Wenn der Schraubstock parallel ausgerichtet ist, darf sich der Zeiger einer Messuhr, deren Tastbolzen quer zur Verfahrrichtung an der festen Schraubstockbacke anliegt, beim Verfahren des Maschinentisches nicht bewegen. Andernfalls muss der Schraubstock ausgerichtet werden. Dazu zieht man die für die Winkelverstellung zuständigen Klemmschrauben oder Befestigungsschrauben des Schraubstockes nur so fest an, dass sich der Schraubstock durch leichte Schläge mit einem Kunststoff- oder Holzstück noch drehen lässt. Das Magnetstativ mit eingespannter Messuhr (bzw. Fühlhebelmessgerät) stellt man auf ein feststehendes ebenes Maschinenteil (Guss oder Stahl) und schaltet den Magneten ein. Dann stellt man das Gestänge des Magnetstativs so ein, dass der Tastbolzen der Messuhr quer zur

Bild 11: Ausrichten des Schraubstocks

Verfahrrichtung an der festen Schraubstockbacke anliegt. In einigen Fällen kann man die Messuhr auch in das Spannfutter der Maschine spannen **(Bild 11)**. Der Tastbolzen sollte etwas „betätigt" sein, so dass er der auszurichtenden Kante in beide Richtungen folgen kann. Wenn dies nicht schon beim Klemmen des Magnetstativ-Gestänges der Fall war, kann man den entsprechenden Maschinenschlitten verfahren oder die Feineinstellung am Magnetstativ betätigen. Es ist allerdings nicht nötig, ein bestimmtes Maß (z.B. Null) einzustellen. Bei Fühlhebelmessuhren muss man infolge des kleinen Messbereichs besonders darauf achten, dass sich der Tastarm nicht am Anschlag (Ende des Messbereichs) befindet.

Dann wird derjenige Schlitten des Maschinentisches, dessen Verfahrrichtung parallel zur auszurichtenden Schraubstockbacke liegt, durch Drehen der Vorschubkurbel bewegt und die Anzeige der Messuhr dabei beobachtet. Der Zeiger der Messuhr wird sich mehr oder weniger schnell in einer Richtung bewegen. Aus der Bewegungsrichtung kann man ersehen, in welche Richtung der Winkel des

Schraubstocks zu korrigieren ist. Dies geschieht durch leichte Schläge mit einem Kunstoff- oder Holzstück (oder Hammer mit Kunststoff-Schlageinsätzen). Die Schläge müssen an einer Stelle des Schraubstocks angreifen, wo sie bezogen auf den Drehpunkt eine drehende Wirkung haben. Selbstverständlich muss die Stelle auch so gewählt werden, dass Schäden am Schraubstock ausgeschlossen sind. Gut geeignet ist der Grundkörper sowie die feste Backe. Die Backe ist ausgerichtet, wenn sich der Zeiger der Messuhr beim Verfahren des Schlittens bis auf ein leichtes Zittern nicht mehr bewegt.

Man kann immer wieder beobachten, dass beim Ausrichten anders vorgegangen wird: Zuerst wird der Schlitten so verfahren, dass der Tastbolzen der Messuhr an einem Ende der Schraubstockbacke anliegt (1. Messwert). Danach wird der Schlitten so verfahren, dass der Tastbolzen am anderen Ende der Schraubstockbacke anliegt (2. Messwert). Nun wird der Schraubstock gedreht, bis die Messuhr einen Mittelwert aus 1. und 2. Messwert anzeigt. Wenn man nun die Ausrichtung kontrolliert, wird man in den allermeisten Fällen feststellen, dass die Backe immer noch nicht exakt ausgerichtet ist. Also wird wieder in die erste Position verfahren und die ganze Prozedur beginnt von neuem. Dieses auch bei Metall-Facharbeitern immer wieder zu beobachtende Verfahren führt nur in ganz wenigen Fällen schnell zum Ziel. Voraussetzung dafür ist, dass die beim Ausrichten wirksame Drehachse exakt in der auszurichtenden Ebene liegt und dass die gewählten Messpunkte gleich weit von der Drehachse entfernt sind. Das ist aber nahezu nie der Fall. Beim Ausrichten von Werkstücken, die ohne Anschlagleiste direkt auf dem Maschinentisch aufgespannt werden sollen, kann einen dieses Verfahren zur Verzweiflung treiben. In diesem Fall liegt noch nicht einmal der Drehpunkt fest und das Werkstück kann sich beim Ausrichten auch noch linear (ohne Drehbewegung) verschieben.

3.7.2. Rundlauf

Wenn eine Spannvorrichtung für Werkstücke eine Drehachse hat, wie z.B. das Futter auf der Drehmaschine oder auf dem Rundtisch, ist es in vielen Fällen erforderlich, am Werkstück vorhandene zylindrische Formelemente (z.B. eine Bohrung) so auszurichten, dass sie ohne Schlag laufen, wenn die Spannvorrichtung gedreht wird. Beispiele dafür sind Drehteile, die zur vollständigen Bearbeitung umgespannt werden müssen (Zweiseitenbearbeitung) und Werkstücke, die auf dem Rundtisch weiterbearbeitet werden.

Auch wenn ein Dreibackenfutter theoretisch perfekt zentrisch spannt, so wird man doch schnell feststellen, dass eingespannte Werkstücke mehr oder weniger gut bzw. schlecht rundlaufen. Ursachen dafür sind:

a) Das Futter an sich läuft schon nicht rund. Späne oder Grate im Zentrierbereich des Futters bzw. der Futteraufnahme (z.B. Futterflansch) können die Ursache sein. Bei einigen kleineren Drehmaschinen ist der Futterflansch mit der Spindel verschraubt, so dass auch hier Rund- und Planlauffehler auftreten können.

b) Bei Rundtischen wird der Futterflansch meistens auf dem Tisch verschraubt. Trotz Ausrichthilfen (Zentrierdorn oder Zentrieransatz) können sich an dieser Stelle Rund- bzw. Planlauffehler ergeben. Sofern die Ausrichthilfen nicht ein Verschieben des Futterflansches bei gelösten Befestigungsschrauben verhindern, sind Rundlauffehler schnell korrigierbar. Planlauffehler werden meistens durch Schmutz zwischen den Montageflächen oder durch Beschädigungen der Montageflächen verursacht und sind daher auch schnell zu korrigieren.

c) Schon im neuen Zustand läuft kein Futter exakt rund, da der Futterhersteller gewisse Toleranzen zulässt (und auch zulassen muss, wenn er nicht nur Ausschuss produzieren will). So muss die Planspirale etwas Spiel zum Futtergehäuse haben, da sie sich sonst nicht drehen lässt. Dieses, wenn auch geringe Spiel, ergibt einen Rundlauffehler. Dieser Fehler ist am geringsten, wenn man das Futter an dem Schlüsselvierkant spannt, der am Gehäuse mit „0“ gekennzeichnet ist.

d) Beim Gebrauch verschleißt sowohl die Planspirale als auch die Verzahnung der Futterbacken. Da je nach Öffnung der Backen nicht alle Zähne der Futterbackenverzahnung und auch nicht bei jeder Backe die gleiche Anzahl Zähne im Eingriff mit der Planspirale stehen, verschleißen die Zähne ungleichmäßig. Hierdurch kann sich dann ein vom jeweiligen Spanndurchmesser abhängiger Rundlauffehler ergeben.

e) Die Führung der Backen im Futterkörper hat schon im Neuzustand ein geringes Spiel. Dieses vergrößert sich durch Verschleiß. Wenn nun ein Werkstück gespannt wird, werden die Backen entsprechend des vorhandenen Spiels kippen und nur noch in einem kleinen hinteren Bereich spannen. Dadurch wird das Werkstück beim Spannvorgang nicht mehr selbstständig ausgerichtet. Auch wenn das Futter noch ausreichend zentrisch spannt, wird das nicht gespannte Werkstückende nicht auf Anhieb rundlaufen.

Für die Fälle, in denen das Werkstück im Bereich der Backen nicht ausreichend rundläuft und die Ausrichtung des Futters selbst nicht verändert werden kann, sind einige Maßnahmen für einen guten Rundlauf in Kap. 4.1.1. zu finden.

3.7.2.1. Ausrichten des Futters auf Rundtischen

Bei Rundtischen wird das Dreibackenfutter üblicherweise mit Hilfe eines Futterflansches direkt auf dem Tisch befestigt. Je nach Ausführung gibt es verschiedene Möglichkeiten zur zentrischen Ausrichtung. Beim *GOLmatic*-Rundtisch wird eine Kegelhülse mit einem darin geführten Zentrierdorn in die zentrische Kegelbohrung des Rundtisches eingesetzt (Bild 17). Das Dreibackenfutter wird mit seiner Durchgangsbohrung auf den Zentrierdorn gesteckt, die Backen gespannt (mit „0“ gekennzeichneten Spanntrieb benutzen!) und der Futterflansch mit dem Rundtisch verschraubt. Nach Lösen der Backen wird der Zentrierdorn entfernt. Die so erzielte Ausrichtung ist recht gut. Wenn eine gute Rundlaufgenauigkeit aber von Bedeutung für die Funktion bzw. die Optik des Werkstücks ist, sollte man diese am eingespannten Werkstück überprüfen und ggf. korrigieren.

Das Schwungrad des später in diesem Buch beschriebenen Heißluftmotors ist ein solches Beispiel. Die Funktion leidet zwar nicht, wenn die auf dem Rundtisch gefrästen Durchbrüche etwas exzentrisch angeordnet sind, aber schon eine Exzentrizität von 0,2 mm stört das Erscheinungsbild. Für die Kontrolle des Rundlaufs wählt man am besten die Bohrung für die Achse.

Eine Fühlhebelmessuhr wird entweder im Spannzangenfutter in der Frässpindel gespannt oder mit einem Magnetstativ gehalten und so platziert, dass die Kugel am vorderen Ende des Tastarms in Schwenkrichtung in der 4-mm-Bohrung des Schwungrads anliegt **(Bild 12)**. Der Schwenkbereich muss so eingestellt sein, dass sich der Tastarm noch in beide Richtungen bewegen kann. Der Rundtisch wird nun um 360° gedreht und der Ausschlag der Messuhr beobachtet. Im vorliegenden Fall sollte sich der Zeiger maximal um 0,2 mm (besser: 0,1 mm) bewegen. Falls

Bild 12: Rundlaufkontrolle/ Bohrungsmittelpunkt

noch eine Korrektur der Rundlaufgenauigkeit erforderlich sein sollte, werden die Schrauben, die den Futterflansch mit dem Rundtisch verbinden, so weit gelöst, dass sich das Futter durch leichte Schläge mit einem Hartholz- oder Kunststoffstück verschieben lässt. Der Rundtisch wird dann so gedreht (am Rundtisch und nicht am Dreibackenfutter anfassen!), dass die Messuhr den maximalen oder minimalen Ausschlag anzeigt. Nun wird das Futter durch leichte Schläge so weit verschoben, bis die Messuhr den Mittelwert zwischen maximalem oder minimalem Ausschlag anzeigt. Dann wird die Rundlaufgenauigkeit nochmals überprüft und ggf. weiter korrigiert. Abschließend müssen die Schrauben des Futterflansches wieder festgezogen werden. Damit sich das Futter dabei nicht verschiebt, zieht man die Schrauben schrittweise über Kreuz an. Danach sollte man die Rundlaufgenauigkeit noch einmal überprüfen.

Wenn die Rundlaufgenauigkeit an einem Außendurchmesser gemessen werden soll, kann man statt einer Fühlhebelmessuhr auch eine normale Messuhr verwenden (Bild 64).

3.7.2.2. *Ausrichten von langen Werkstücken im Dreibackenfutter*

Selbst wenn ein Werkstück im Bereich der Futterbacken zentrisch gespannt ist, kann es passieren, dass das nicht gespannte Werkstückende nicht rundläuft. Das kann man weitgehend vermeiden, indem man die Backen beim Einspannen zunächst nur so weit spannt, dass sich das Werkstück noch von Hand drehen lässt. Unter leichtem Hin- und Herdrehen des Werkstücks spannt man das Futter, bis sich das Werkstück nicht mehr drehen lässt. Dann spannt man die Backen richtig fest. Falls der Rundlauf noch nicht ausreichend ist, muss man die Futterbacken wieder etwas lösen (Werkstück muss noch festsitzen) und eine Messuhr an der Stelle ansetzen, die rundlaufen soll. Nun wird das Futter von Hand langsam so weit gedreht, dass der Messuhrausschlag minimal bzw. maximal ist. Dann wird mit einem Hartholz- oder Kunststoffstück (bei Stahl evtl. auch Kupfer oder weiches Aluminium) leicht auf das Werkstückende geschlagen, bis die Messuhr einen Wert anzeigt, der möglichst in der Mitte zwischen dem vorher gemessenen maximalen und minimalen Messwert liegt. Dann wird der Rundlauf nochmals kontrolliert und ggf. korrigiert. Wenn das Werkstück zufrieden stellend rundläuft, wird das Futter fest gespannt und abschließend der Rundlauf nochmals kontrolliert. Wenn eine Bohrung zum Ausrichten gewählt wird, muss statt der Messuhr eine Fühlhebelmessuhr verwendet werden.

Der Einsatz einer Messuhr ist selbstverständlich in vielen Fällen nicht nötig. Wenn z.B. ein Stück Rohmaterial noch komplett bearbeitet wird, reicht meistens eine Rundlaufgenauigkeit von einigen 1/10 mm aus. Wenn das Werkstück trotz allem zu unrund läuft, kann man den Spannvorgang wiederholen, wobei man das Werkstück etwas weiterdreht (andere Spannstelle). Man kann auch versuchen, das Werkstück im Futter nach Auge auszurichten. Dazu löst man die Spannbacken etwas (Werkstück muss noch festsitzen) und bewegt den Drehmeißel bis er ca. 2 mm vor dem Werkstück steht (sofern das Werkstück nicht noch mehr unrund läuft). Dann dreht man das Dreibackenfutter von Hand (Hauptschalter ausschalten!) und beobachtet den Abstand zwischen Werkstück und Drehmeißel. Wenn der Abstand am größten ist, unterbricht man die Drehbewegung und versucht, das Werkstück mit leichten Schlägen eines Kupfer- oder Messingstückes etwas auf den Drehmeißel zuzubewegen. Dann wird das Futter wieder gedreht... usw. Je besser die Rundlaufgenauigkeit ist, desto kleiner kann man den Abstand zwischen Drehmeißel und Werkstück wählen. Wenn eine ausreichende Rundlaufgenauigkeit erreicht ist, wird das Futter wieder fest gespannt. Bei den Schlägen muss man selbstverständlich darauf achten, dass sich das Werkstück nicht so weit bewegt, dass es die Drehmeißelschneide berührt und diese beschädigt. Wer sich nicht sicher ist, sollte statt des Drehmeißels lieber ein Stück Rund- oder Vierkantmaterial einspannen.

3.8. Nullpunkt suchen

Ein Werkstück wird durch Bemaßungen in der Form und in den Abmessungen festgelegt. Beim Fertigen des Werkstückes muss dafür gesorgt werden, dass die Abmessungen des Werkstücks mit den Vorgaben durch die Bemaßungen übereinstimmen. Damit das gelingt, muss bekannt sein, wo sich das Werkzeug (Fräser, Drehmeißel ...) in Bezug auf schon am Werkstück vorhandene Formelemente (z.B. Kanten, Bohrungen) befindet. Das Messsystem an der Maschine (Skala an der Vorschubkurbel, Digitalanzeige) muss also bei einer definierten Lage des Werkzeugs bezogen auf das Werkstück genullt bzw. auf einen gewählten Wert gesetzt

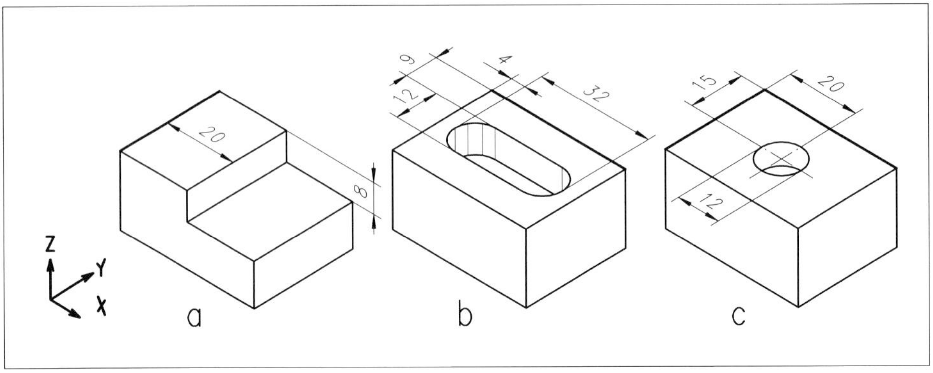

Abb. 17

werden. Ob dies schon vor der Bearbeitung oder nach einer „Probebearbeitung" mit nachfolgendem Messen geschieht, hängt vom konkreten Fall ab. Einige Beispiele sollen dieses verdeutlichen. Als Werkzeug soll in allen Fällen ein Fräser Ø 12 mm verwendet werden.

(Abb. 17a)

Es soll ein Absatz gefräst werden. Der verbleibende Steg soll eine Breite von 20 mm und eine Höhe von 8 mm haben. Hier ist es möglich, zunächst einmal einen kleineren Absatz vorzufräsen. Der letzte Schnitt beim Vorfräsen muss entlang des Stegs durch Vorschub in y-Richtung erfolgen. Die Position in der x- und z-Achse wird nicht verändert. Dann werden Höhe und Breite des Stegs gemessen. Durch Vergleich zwischen Sollmaß (Maß aus der Zeichnung) und Istmaß wird ermittelt, wie viel Material noch wegzufräsen ist. Um sich unnötige Rechnerei zu ersparen, stellt man die Skalen der entsprechenden Vorschubkurbeln (hier x und z) auf Null oder auf einen Wert, der dem Istwert entspricht. In letzterem Fall erreicht die Skala die Nullstellung, wenn der Steg die korrekten Abmessungen hat.

(Abb. 17b)

Es soll eine Nut gefräst werden. Da die Nutbreite exakt dem Fräserdurchmesser entspricht, muss die Positionierung des Fräsers in der y-Achse schon beim ersten Schnitt passen. Die der Bemaßung als Bezug dienende, schon vorhandene Werkstückkante muss also schon vor der Bearbeitung „angefahren" werden. Dazu wird die Frässpindel in eine Position gebracht, in der der Abstand der betreffenden Werkstückkante von der Frässpindelachse bekannt ist. Methoden für das Anfahren werden in den folgenden Kapiteln beschrieben. In der x-Achse könnte man an beliebiger Stelle im Bereich der Nut mit dem Fräsen anfangen und die Nutlänge (32 mm) sowie den Abstand zum Werkstückrand (4 mm) entsprechend der Vorgehensweise in Beispiel a erzeugen. In der z-Achse (Nuttiefe) wird man die betreffende Skala auf Null stellen, wenn der Fräser beim Zustellen auf Tiefe die Werkstückoberfläche gerade berührt (Ankratzen). Nach dem ersten Schnitt wird die erreichte Nuttiefe gemessen und die Einstellung der Skala ggf. korrigiert.

(Abb. 17c)

Hier ist eine Bohrung zu fertigen. Da man nicht erst „Probebohrungen" vornehmen kann, muss die Position des Fräsers in der x- und y-Achse schon vor der Bearbeitung stimmen. Daher wird man die beiden als Bezug gewählten Kanten anfahren müssen. Der Nullpunkt liegt im Schnittpunkt der beiden Kanten.

Neben Werkstückkanten können auch zylindrische Formelemente (z. B. Bohrungen) bzw. deren Achse als Bezug dienen. Ein Beispiel dafür ist das Kühlrohr (13) des Heißluftmotors, bei dem die Befestigungsbohrungen im Flansch auf einem zur Bohrung konzentrischen Teilkreis liegen.

3.8.1. Gerade Kanten als Bezug

Je nach Genauigkeitsanforderung gibt es verschiedene Verfahren.

3.8.1.1. Ankratzen

Wenn die Anforderungen an die Genauigkeit nur gering sind und eine Beschädigung der angetasteten Werkstückkante zulässig ist, kann man die Werkstückkante ganz langsam mit einem (drehenden) Fräser anfahren. Bei guter Beleuchtung kann man sehen, wenn der Fräser das Werkstück berührt und einen kleinen Span abnimmt. Der Nullpunkt für die Bearbeitung liegt dann um den halben Fräserdurchmesser weiter in Verfahrrichtung. Die Beobachtung wird erleichtert, wenn man die Werkstückfläche vorher schwärzt (wasserunlöslicher Filzstift, z.B. EDDING 800).

Das Ankratzen ist die übliche Vorgehensweise beim Drehen, wenn z.B. nach dem Wechsel des Drehmeißels ein neuer Bezugspunkt gefunden werden soll. Da sich der Drehmeißel nicht bewegt, kann man sehr gut den Punkt erkennen, an dem an der Schneide feinste Späne entstehen. Die erreichbare Genauigkeit ist im Allgemeinen deutlich größer als beim Ankratzen mit einen Fräser.

3.8.1.2. Antasten mit festem Stift

Mit einem möglichst genauen Stück Rundmaterial (Rund-Drehling, Schaft eines abgebrochenen Fräsers) in der Spannzange der Fräsmaschinenspindel wird die Werkstückkante ganz langsam angefahren (ausgeschaltete Spindel). Bei guter Beleuchtung (Gegenlicht) beobachtet man am besten mit einer Lupe den Spalt zwischen Stift und Werkstückkante. Wenn das Rundmaterial das Werkstück gerade berührt, liegt der Nullpunkt für die Bearbeitung um den halben Durchmesser weiter in Verfahrrichtung. Dieses Verfahren liefert bei etwas Sorgfalt sehr gute Ergebnisse, ohne dass das Werkstück beschädigt wird.

3.8.1.3. Antasten mit Kantentaster

Kantentaster sind recht einfach aufgebaut, preiswert und einfach in der Handhabung. Ein Kantentaster besteht aus einem Einspannschaft und einem Tastkopf, die durch eine Zugfeder zusammengehalten werden. Der Aufbau geht aus **Abb. 18** hervor. Der abgebildete Kantentaster hat zwei Tastbereiche mit unterschiedlichem Durchmesser (4 mm und 10 mm). Mit dem Einspannschaft wird der Kantentaster wie ein Fräser gespannt. Dann lässt man die Spindel mit ca. 600 min^{-1} drehen. Der Tastkopf wird unrund laufen **(Abb. 19)**. Man bewegt das Werkstück langsam auf den Kantentaster zu. Wenn der Tastkopf das Werkstück berührt hat, wird er mit weiterer Annäherung immer weniger unrund laufen, bis er schließlich vollständig rundläuft. Dies ist aber noch nicht der gesuchte Punkt. Vielmehr muss das Werkstück nun extrem langsam noch etwas weiter bewegt werden, bis sich der Tastkopf ruckartig zur Seite bewegt. Der Nullpunkt liegt dann um den halben Tastkopfdurchmesser weiter in Verfahrrichtung. Die mögliche Genauigkeit beträgt 0,01 mm.

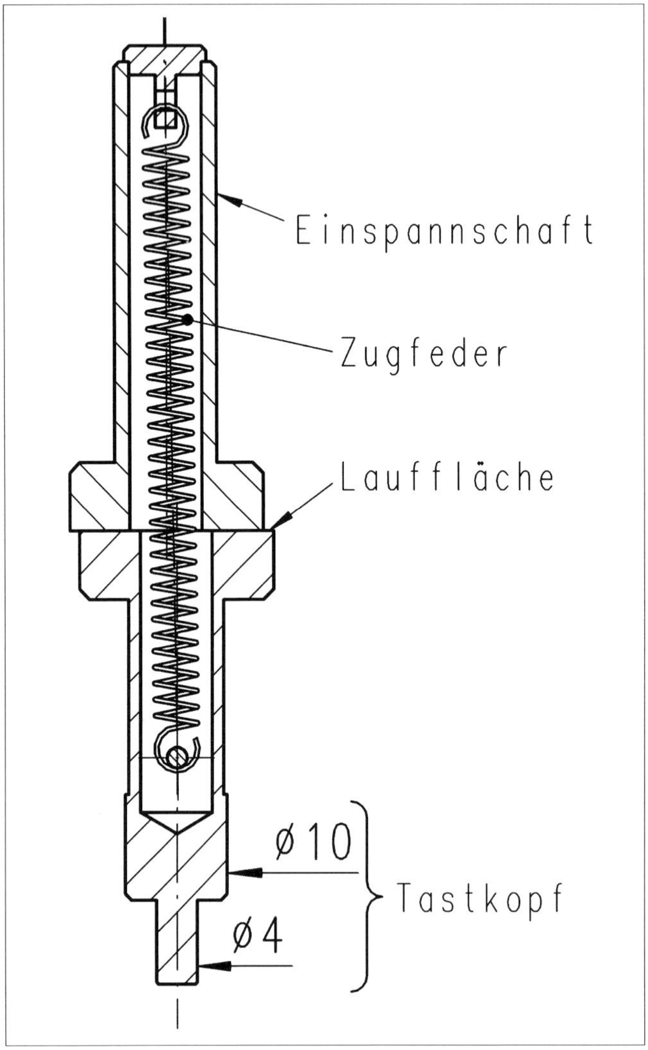

Abb. 18: Kantentaster

Abb. 19: Antasten von Werkstückkanten ▼

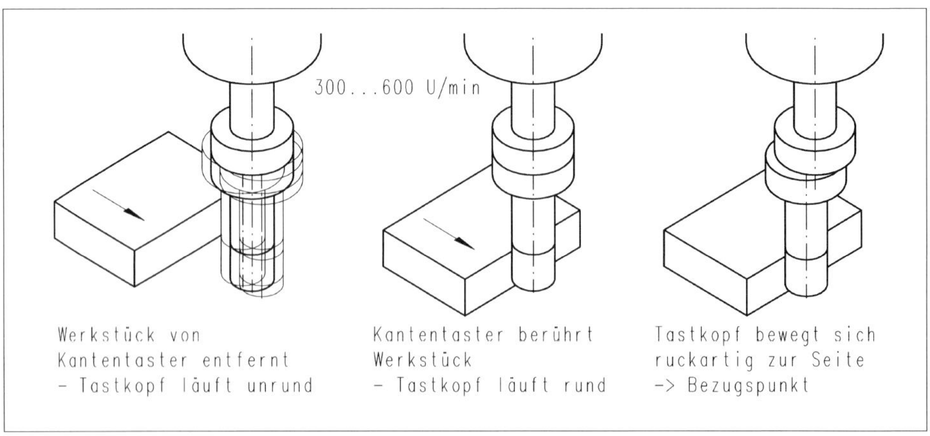

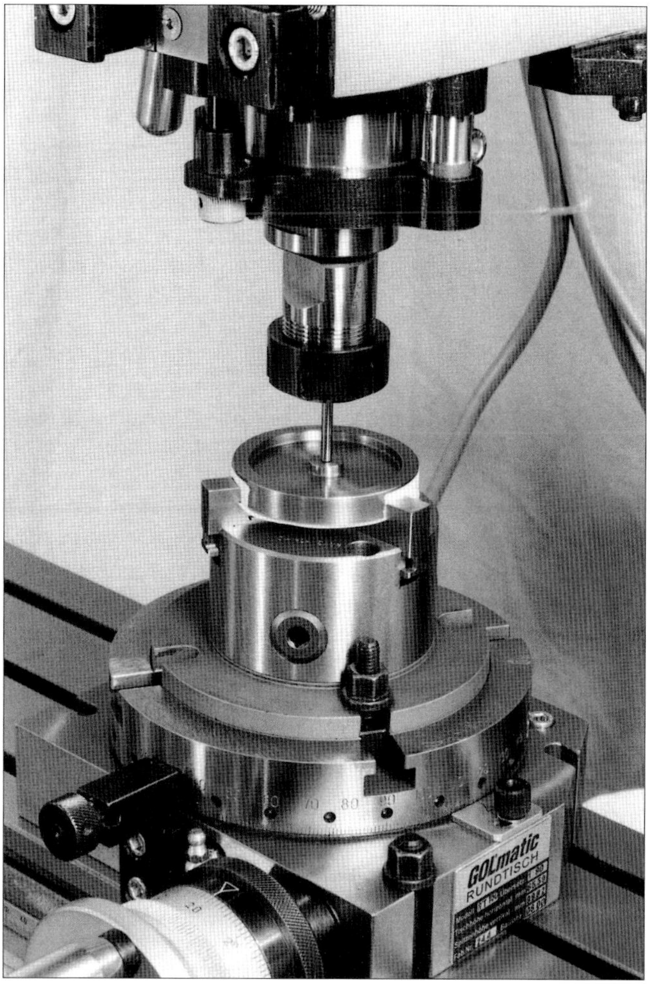

Bild 13: Bohrungsmittelpunkt suchen mit Stift

Diese Kantentaster sind recht robust. Man darf die beiden Hälften nur nie auseinander ziehen. Zum gelegentlichen Schmieren (Vaseline) der durch die Zugfeder aufeinander gepressten Laufflächen muss man die beiden Hälften seitlich gegeneinander verschieben.

3.8.2. Zylindrische Formelemente als Bezug

3.8.2.1. Anfahren einer Bohrungsachse mit einem zum Bohrungsdurchmesser passenden Stift

Bei kleineren Bohrungen, die nicht angefast sind, kann man als Hilfsmittel zum Positionieren der Frässpindel einen scharfkantigen Stift verwenden, der den gleichen Durchmesser wie die Bohrung hat. Dieser wird in das Spannzangenfutter gespannt **(Bild 13)**. Die Bezugsbohrung wird nach Auge so genau wie möglich direkt unter dem Stift platziert. Wenn man nun die Pinole (ohne große Kraft) ausfährt, kann man recht gut sehen, ob das Rundmaterial ohne Anecken in die Bohrung eintaucht und die Position des Werkstückes ggf. korrigieren. Die Genauigkeit dieses Verfahrens reicht in vielen Fällen aus.

3.8.2.2. Anfahren einer Bohrungsachse mit einer Fühlhebelmessuhr

Eine exaktere Nullpunktbestimmung geschieht mit einer Fühlhebelmessuhr, die mit einer Spannzange in der Fräsmaschinenspindel gespannt wird (Bild 12: Anordnung wie bei Rundlauf, hier wird aber die Messuhr gedreht). Vor dem Ausrichten mit der Fühlhebelmessuhr muss ein grobes Ausrichten erfolgen. Dies kann z.B. mit dem unter Kap. 3.8.2.1. beschriebenen Verfahren geschehen. Der Abstand zwischen der Bohrungsachse und der Achse der Fräsmaschinenspindel darf max. ca. 0,3 mm betragen. Da der Messbereich (ca. ± 0,8 mm) des Schwenkhebels durch Anschläge in der Messuhr begrenzt ist, muss der Schwenkhebel so eingestellt werden, dass er noch nicht am Anschlag anliegt, wenn die Kugel am vorderen Ende des Tastarms in Schwenkrichtung in der Werkstückbohrung anliegt. Der Tastarm müsste sich also noch in beide Richtungen schwenken lassen, wenn er nicht durch das Werkstück daran gehindert würde. Die Fräsmaschinenspindel (und damit die Fühlhebelmessuhr) wird von Hand so weit gedreht (Hauptschalter ausschalten!), dass die Messrichtung mit einer der Verfahrrichtungen des Fräsmaschinentisches übereinstimmt. Man merkt sich den Messwert und dreht die Spindel um 180°. Falls der Messwert in dieser Stellung vom gemerkten Messwert abweicht, verfährt man den Fräsmaschinentisch so, dass die Messuhr den Mittelwert aus den beiden Messwerten anzeigt. In der anderen Verfahrrichtung des Fräsmaschinentisches geht man genauso vor. Danach werden alle vier Richtungen nochmals gemessen. Wenn die Fräsmaschinenspindel exakt über der Bohrung steht, wird die Messuhr überall den gleichen Messwert anzeigen. In dieser Stellung des Fräsmaschinentisches werden die Skalen der Vorschubspindeln auf Null gestellt.

Wichtig ist, dass man beim Anfahren des Nullpunktes eine Drehrichtung für die Handräder und der damit verbundenen Vorschubspindeln wählt und sich diese auch merkt. Wenn man die Handräder in die andere Richtung drehen muss, um den Nullpunkt zu erreichen, dreht man diese etwas weiter als nötig und fährt dann den Nullpunkt mit der gewählten Drehrichtung an. Nur so kann man später Ungenauigkeiten vermeiden, die durch den toten Gang entstehen.

Das Verfahren mit der direkt in die Fräsmaschinenspindel gespannten Fühlhebelmessuhr hat seine Grenze im Schwenkbereich des Fühlhebels. Bei größeren Bohrungen kann man einen gedrehten Reduzierring in die Bohrung einsetzen. Es gibt aber auch kleine verstellbare Gestänge (ähnlich denen bei Magnetstativen), die man einerseits in die Fräsmaschinenspindel spannt und die andererseits eine Aufnahme für die Messuhr haben. Nicht unerwähnt bleiben sollten auch die recht teuren, aber sehr komfortablen Zentriergeräte. Diese haben eine feststehende Messuhr und einen umlaufenden, in der Fräsmaschinenspindel gespannten Taster. Bei langsamer Drehzahl kann man so die Messuhr beobachten und den Fräsmaschinentisch verfahren, bis sich der Zeiger der Messuhr nicht mehr bewegt.

4. Spannzeuge und sonstiges Zubehör

4.1. Dreibackenfutter

Das Dreibackenfutter ist das universellste Spannzeug zum zentrischen Spannen von runden (und sechseckigen) Werkstücken. Bei der im Modellbau am weitesten verbreiteten Bauart greifen die Futterbacken mit ihrer Verzahnung in einen im Futtergehäuse drehbar angeordneten Spiralring (Plangewindering) ein. Der Spiralring hat auf der Rückseite einen Kegelzahnkranz. Am Umfang des Futtergehäuses sind Spanntriebe angeordnet, die jeweils einen von außen zugänglichen Innenvierkant sowie ein im Futtergehäuse liegendes Kegelrad haben. Die Kegelräder greifen in den Kegelzahnkranz des Spiralrings ein. Durch Drehen eines Spanntriebs mit dem Futterschlüssel wird der Spiralring gedreht, so dass sich die Futterbacken bewegen.

Neben einem der Spanntriebe befindet sich auf dem Futtergehäuse meistens eine Kennzeichnung („0“). Wenn das Futter mit diesem Spanntrieb gespannt wird, ist die Zentriergenauigkeit am höchsten.

Zu einem Dreibackenfutter gehören üblicherweise ein Satz Bohrbacken (nach außen abgestuft, Bild 14) und ein Satz Drehbacken (nach innen abgestuft, Bild 17). Für besondere Spannaufgaben sind weiche (ungehärtete) Backen erhältlich. Diese sind im Spannbereich noch nicht bearbeitet und können den Anforderungen entsprechend angepasst werden.

Die Backen und die Führungen der Backen im Futterkörper sind nummeriert. Zum Einsetzen der Backen wird der Spiralring so weit in Spannrichtung (eine eingesetzte Backe würde sich in Richtung Drehfuttermitte bewegen) gedreht, bis der äußere Spiralanfang im Bereich der mit „1“ gekennzeichneten Backenführung zu sehen ist. Dann wird der Spiralring zurückgedreht, bis der Spiralanfang nicht mehr zu sehen ist. Nun wird die mit „1“ gekennzeichnete Backe bis zum Anschlag (zwischen Backenverzahnung und Spirale) in die Führung eingeschoben. Die Backe wird weiterhin in Richtung Drehfuttermitte gedrückt und der Spiralring gleichzeitig in Spannrichtung verdreht, bis der äußere Spiralanfang im Bereich der mit „2“ gekennzeichneten Backenführung zu sehen ist. Der Spiralring wird wieder ein Stück zurückgedreht und die mit „2“ gekennzeichnete Backe in gleicher Weise eingesetzt. Mit Backe „3“ verfährt man ebenso.

Bei Verwendung des Dreibackenfutters muss darauf geachtet werden, dass die Backen nicht zu weit aus dem Futterkörper herausragen – die Verzahnung der Futterbacken muss sicher in das Plangewinde des Spiralrings eingreifen. Manche Hersteller kennzeichnen die max. Öffnungsweite auf den Futterbacken oder geben entsprechende Hinweise in der Betriebsanleitung. Falls jeglicher Hinweis fehlt, sollte man das Futter max. so weit öffnen, dass sich noch zwei Zähne der Futterbackenverzahnung im Eingriff mit dem Plangewinde befinden. Wenn man das Futter mit überstehenden Backen benutzt, sollte es zur Kontrolle erst einmal von Hand gedreht werden, damit sichergestellt ist, dass die Backen nirgends anstoßen.

Ein Nachteil des Dreibackenfutters ergibt sich aus dem grundsätzlichen Aufbau. Die Spannkraft wird durch den Spiralring im hinteren Bereich der Futterbacken (Verzahnung!) eingeleitet, während der Spannbereich der Backe etwas weiter vor-

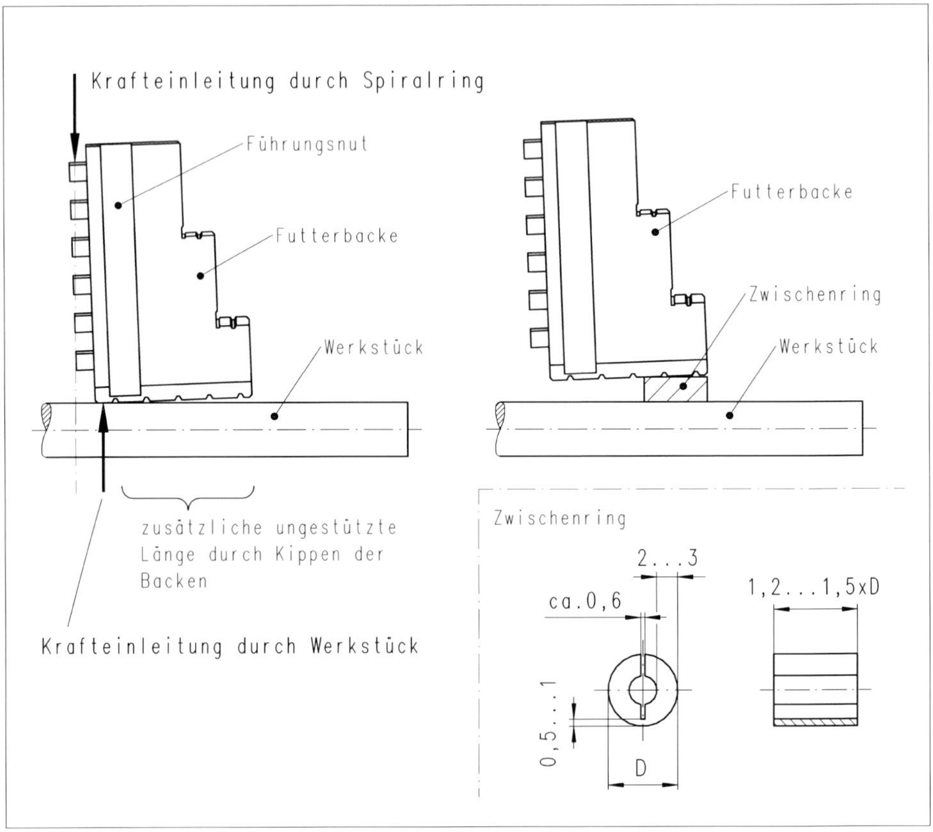

Abb. 20

ne anfängt **(Abb. 20)**. Die das Werkstück haltende Spannkraft wirkt also in einer anderen Ebene auf die Futterbacke als die Kraft des Spiralringes. Dadurch versucht die Backe zu kippen, wird aber durch die Backenführung daran gehindert (Führungskräfte sind in Abb. 20 nicht eingezeichnet!). Allerdings hat die Backenführung immer etwas Spiel und die Führung wird sich durch die auftretenden Kräfte auch etwas verformen, so dass die Backe doch etwas kippt. Bei relativ dicken Werkstücken wirkt sich dies praktisch nicht negativ aus. Wenn man aber beispielsweise ein langes Stück 3-mm-Rundmaterial einspannt, lässt sich dieses selbst dann nicht vernünftig bearbeiten, wenn es nur wenige Millimeter aus dem Futter hervorsteht. Die eigentliche Spannstelle liegt aber am Backenende, und so vergrößert sich die ungestützte Länge des Werkstücks deutlich. Vorne an den Backen hat das Rundmaterial etwas Spiel, so dass das Werkstück unter den Schnittkräften etwas wegfedern kann. Gedrehte Ansätze werden daher nicht mehr rund, sondern polygonförmig.

Abhilfe kann ein geschlitzter Zwischenring **(Bild 14)** bringen. Der Innendurchmesser, der dem zu spannenden Werkstückdurchmesser entspricht, und der Außendurchmesser werden in der gleichen Aufspannung gefertigt. Der Schlitz wird mit einer feinen Säge eingebracht. Gespannt wird der Zwischenring im vorderen Bereich der Futterbacke.

Bild 14: Spannen mit geschlitztem Zwischenring

Wenn das Futter noch gut spannt, kann man es auch mit einem ca. 10... 15 mm breiten Streifen Papier (80...150 g/m^2) versuchen, den man im vorderen Bereich der Futterbacke um das Werkstück legt.

Da beim Arbeiten nicht zu verhindern ist, dass Späne in den Bereich des Plangewindes gelangen, müssen diese regelmäßig entfernt werden. Dazu sind die Backen zu entfernen und deren Verzahnung zu säubern. Das Plangewinde kann mit einem kurzborstigen Flachpinsel gesäubert werden, indem der Pinsel in eine der Backenführungsnuten gehalten und der Spiralring mit dem Futterschlüssel (Öffnungsrichtung) gedreht wird. Der Pinsel muss dabei entsprechend der sich bewegenden Spirale (also wie eine Backe) nach außen bewegt werden. Niemals aber sollte die Spirale mit Druckluft gesäubert werden. Man würde nur die feinen Späne in das Futtergehäuse blasen.

Hin und wieder muss man das Futter zerlegen, reinigen und neu fetten. Als Schmiermittel verwendet man bevorzugt spezielle Festschmierstoff-Pasten, die gut haften und nur dünn aufgetragen werden (z.B. OKS 265 Spanfutterpaste/ OKS 250).

4.1.1. Spannen im Dreibackenfutter mit hoher Rundlaufgenauigkeit

In allen Fällen, in denen das Werkstück im Bereich der Backen nicht ausreichend rundläuft und die Ausrichtung des Futters selbst nicht verändert werden kann, gibt es folgende Möglichkeiten, einen guten Rundlauf zu erzielen:

4.1.1.1. Weiche Backen

Statt der gehärteten Futterbacken kann man weiche Futterbacken (sofern solche für das Futter erhältlich sind) verwenden. Diese sind nur im Bereich der Verzahnung und Führung fertig bearbeitet. Der Spannbereich muss noch bearbeitet werden. Dabei ist zu beachten, dass die Backen beim Bearbeiten in der gleichen Richtung wie beim späteren Gebrauch gespannt werden. Wenn das Drehteil also außen gespannt werden soll, dann muss beim Ausdrehen der Backen ein kurzes Stück Rundmaterial eingespannt werden. Ist eine Innenspannung vorgesehen, muss dementsprechend beim Abdrehen der Backen ein kräftiger Ring von innen gespannt werden.

Bei Einsatz auf der Drehmaschine müssen an den Backen alle scharfen Kanten, mit denen man bei rotierendem Futter in Berührung kommen könnte, mit Fasen von mindestens 0,5 × 45° versehen werden. Wenn man dann wirklich einmal mit den rotierenden Backen in Berührung kommt, sind wenigstens die Folgen nicht so verheerend wie bei scharfkantigen Backen. **Dennoch: Finger weg vom rotierenden Futter!**

Bei Verwendung des Futters auf einem Rundtisch kann man die weichen Backen durch Fräsen auf den gewünschten Durchmesser bringen. Der Vorschub erfolgt dabei durch Drehen des Rundtisches (niemals direkt, sondern immer mit eingerücktem Schneckengetriebe).

4.1.1.2. Zwischenring

Aber auch ohne weiche Backen lässt sich mit jedem Dreibackenfutter eine hohe Rundlaufgenauigkeit erzielen. Zuerst einmal muss sichergestellt werden, dass sich im Bereich der Planspirale und der Backenverzahnung keine Späne befinden. Dann wird ein Stück Rundmaterial (z.B. Ms58, 9SMn28K) oder Rohr benötigt, das im Durchmesser ca. 1...3 mm größer als der zu spannende Durchmesser ist (~ 1 mm bei Spanndurchmesser 6 mm; = 3 mm bei Spanndurchmesser 30 mm). Die Länge sollte dem 1...1,5-fachen des Durchmessers, maximal aber der Spanntiefe des Futters entsprechen. Dieses Stück Rundmaterial wird mit ca. 1 mm Überstand ins Futter gespannt. Die Spannung sollte fest, aber nicht „angeknallt“ sein. Nach dem Plandrehen wird in das Material durch Bohren mit anschließendem Ausdrehen eine Durchgangsbohrung eingebracht, die exakt dem zu spannenden Durchmesser entspricht. Das zu spannende Drehteil wird in die Hülse eingesetzt und das Dreibackenfutter weiter gespannt. Die Hülse verformt sich dabei und spannt das Drehteil. Wesentlich ist, dass die Bohrung in der Hülse nur einige 1/100 mm größer als der zu spannende Durchmesser ist und dass die Hülse nach dem Fertigstellen der Bohrung nicht ausgespannt wird.

Ein solcher Ring lässt sich auch nach dem Ausspannen noch mehrmals für den gleichen Durchmesser verwenden. Beim Einspannen wird das Futter so fest angezogen, dass sich der Ring leicht verformt. Dann erfolgt das Ausdrehen auf den ursprünglichen Durchmesser. Da der Ring nur noch im Bereich der Backen sauber gedreht wird, ist ein Messen des Durchmessers mit einem Messschieber nicht möglich, so dass man sich dem gewünschten Durchmesser durch schrittweises Ausdrehen und Probieren, ob das zu spannende Werkstück schon passt, nähern muss. In Bild 23 ist ein solcher Zwischenring abgebildet. Damit die sauber gedrehten Flächen überhaupt zu erkennen sind, wurde der Ring vor dem Ausdrehen innen geschwärzt.

Bei Verwendung des Futters auf einem Rundtisch kann man den Ring durch Fräsen auf den gewünschten Durchmesser bringen. Der Vorschub erfolgt dabei durch Drehen des Rundtisches (niemals direkt, sondern immer mit eingerücktem Schneckengetriebe).

Bei Werkstücken, die weit aus dem Futter hervorstehen und/oder nur in einem kurzen Bereich gespannt werden können, kann es dennoch passieren, dass das nicht gespannte Werkstückende nicht ausreichend rundläuft. Hier hilft nur das in Kap. 3.7.2.2. beschriebene Ausrichten dieses Werkstückendes.

4.1.1.3. Spanndorn

Hin und wieder gibt es Werkstücke, die von außen nicht zu spannen sind. Ein Beispiel dafür ist die Kurbel (20) des Heißluftmotors. Beim Abstechen ist nicht mit einer guten Oberfläche zu rechnen, so dass die Abstechfläche noch planzudrehen ist. Durch ihre Form lässt sich die Kurbel nicht mehr im Dreibackenfutter spannen. Da aber eine Bohrung (4 mm) genau im Zentrum der planzudrehenden Fläche vorhanden ist, kann man die Kurbel dort spannen. Dazu wird ein rundes Stück Messing von 8...12 mm Durchmesser ins Dreibackenfutter gespannt. Dann wird ein ca. 5 mm langer Ansatz mit einem Durchmesser von 4,2 mm gedreht. 1...2 mm am Anfang des Ansatzes dreht man auf einen solchen Durchmesser ab, dass sich die Kurbel mit der Bohrung so gerade eben darauf schieben lässt. Von dieser Einstellung wird der Drehmeißel 0,005...0,01 mm zurückgezogen (Messuhr am Planschlitten!) und es wird der restliche Bereich des Ansatzes gedreht. Ohne den Spanndorn auszuspannen, wird die Kurbel auf den dünneren Bereich des Ansatzes gesteckt und dann mit dem Bohrfutter im Reitstock auf den dicken Bereich aufgepresst, bis sie an der soeben gedrehten Planfläche anliegt. Jetzt kann die geplante Drehbearbeitung erfolgen. Man muss aber vorsichtig vorgehen, damit das Werkstück nicht auf dem Dorn rutscht.

Nach vollendeter Bearbeitung muss das Werkstück wieder vom Dorn entfernt werden. Wenn der Dorn nur ein geringes Übermaß hatte, lässt sich das Werkstück oftmals unter gleichzeitigem Hin- und Herdrehen von Hand abziehen. Bei Werkstücken mit einer ausreichenden Auflagefläche kann der Dorn auch herausgepresst bzw. herausgeschlagen werden. Wenn das nicht möglich ist und sich das Werkstück auch nicht von Hand abziehen lässt, wird der Dorn möglichst ohne ihn vorher auszuspannen mit einem Bohrer, dessen Durchmesser 0,1...0,5 mm kleiner ist als der Dorndurchmesser, aufgebohrt. Danach lässt sich das Werkstück in der Regel leicht entfernen.

4.2. Spannzangenfutter

Spannzangen haben den Vorteil einer größeren Rundlaufgenauigkeit gegenüber einem Standard-Dreibackenfutter. Von Vorteil ist auch, dass sie die Werkstücke bis zur vordersten Kante der Spannzange spannen. Da das Werkstück fast vollständig (bis auf die Schlitze) umfasst wird, ist es möglich, auch dünnwandige Werkstücke verformungsfrei und sicher zu spannen. Nachteilig ist, dass die meisten Spannzangen nur für einen speziellen Durchmesser zu verwenden sind. Der zu spannende Werkstückdurchmesser darf max. um einige 1/100 mm kleiner sein als das Nennmaß der Spannzange. Nur wenige Spannzangentypen wie die doppelt geschlitzten Spannzangen in **Bild 15** überbrücken einen Spannbereich von bis zu 1 mm. Der Spannbereich ist jeweils auf der Zange angegeben. Mit Spannzangen sollte man auf jeden Fall nur blanke oder bearbeitete Werkstückbereiche spannen.

Neben der Verwendung zum Spannen von Werkstücken, insbesondere auf der Drehmaschine, werden Spannzangen zum Spannen von Schaftfräsern bei der Fräsmaschine verwendet. In Verbindung mit Spannzangenfuttern werden meistens

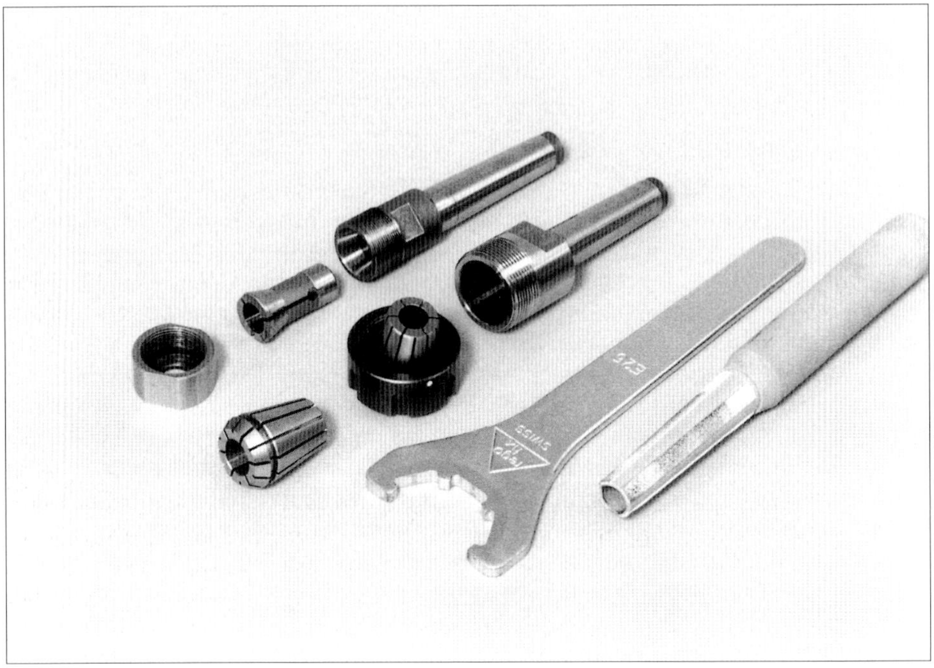

Bild 15

Druckspannzangen verwendet. Diese werden mit einer Spannmutter in den Innenkegel des Spannzangenfutters gedrückt. Es gibt eine Vielzahl von Spannzangen-Bauformen, so dass hier nicht auf die Besonderheiten der einzelnen Bauformen eingegangen werden kann. Im Allgemeinen kann aber gesagt werden, dass zum Spannen von Fräsern Druckspannzangen mit einem möglichst schlanken Kegel (Kegelwinkel unter 20°) verwendet werden sollten, da die Spannkräfte bei Spannzangen mit einem deutlich größeren Kegelwinkel für größere Fräser oft nicht ausreichen – der Fräser wird dann beim Fräsen aus dem Futter gezogen. Druckspannzangen mit einem kleinen Kegelwinkel spannen die Fräser wesentlich sicherer. Durch den kleinen Kegelwinkel sitzen sie aber sehr fest im Innenkegel des Futters und würden sich ohne weitere Maßnahmen auch beim Entfernen der Spannmutter nicht selbstständig lösen. Damit man nun die Spannzange ohne Mühe wieder aus dem Futter bekommt, haben diese Spannzangen am vorderen Ende eine Nut oder einen Bund, in die ein Kragen oder Ring der Spannmutter eingreift. Dadurch sind die Spannzange und die Spannmutter gegeneinander drehbar, in Längsrichtung aber fest miteinander verbunden. Die Spannzange wird also beim Lösen der Spannmutter aus dem Innenkegel des Futters herausgezogen.

Die Verbindung zwischen Spannzange und Spannmutter wird durch Einrasten der Spannzange in die Spannmutter hergestellt. Das Einrasten geschieht immer direkt in die Spannmutter (also nicht beim Anziehen der Spannmutter!). Da sich die Spannzange beim Einrasten etwas zusammendrücken muss, darf kein Fräser in dieselbe eingesetzt sein. Zum Einrasten wird die Spannzange üblicherweise schräg in die Spannmutter eingesetzt (Bild 15) und dann in die richtige Position gedrückt (geschwenkt). Bei einigen Bauformen ist der Kragen der Spannmutter, der in die

Nut der Spannzange greift, auf einem Teil des Umfangs etwas zurückgenommen, so dass das Einrasten in dieser Richtung sehr einfach ist. Bei diesen Muttern ist die Richtung gekennzeichnet, in die die Spannzange gekippt wird (Bild 15, Markierungsbohrung).

Das Entfernen der Spannzange aus der Spannmutter geschieht in umgekehrter Reihenfolge: Die Spannzange wird seitlich in die gekennzeichnete Richtung gedrückt, dadurch ausgerastet und kann dann ohne Mühe aus der Spannmutter entnommen werden.

Viele Spannzangenfutter haben Spannmuttern mit Nuten am Umfang. Zum Spannen sollte man auf keinen Fall einen Hakenschlüssel nehmen. Besonders, wenn Schlüssel und Nut etwas abgenutzt sind, kann man beim Spannen bzw. Lösen der Spannmutter sehr schnell abrutschen und sich schlimm verletzen (scharfe Werkstückkanten, Fräser). Zu empfehlen ist auf jeden Fall ein Sicherheits-Spannschlüssel, der in mehrere Nuten eingreift und nicht abrutschen kann (Bild 15).

Da Fräser sehr scharfe Schneiden haben, sollte man sie erst in die Spannzange einsetzen, wenn sich diese bereits im Spannzangenfutter befindet. Damit der Fräser nicht gleich wieder aus der Spannzange herausfällt, zieht man die Spannmutter sogleich von Hand an. Danach zieht man die Spannmutter mit dem Schlüssel fest an. Beim Lösen der Spannmutter muss man aufpassen, dass der Fräser nicht aus dem Futter fällt. Zunächst wird nämlich nur die Spannung der Spannmutter abgebaut – die Spannzange mitsamt dem Fräser sitzt noch fest. Erst beim Weiterdrehen der Spannmutter wird die Spannzange aus dem Innenkegel des Spannzangenfutters gezogen. Die Spannung löst sich schlagartig und besonders größere Fräser fallen allzu leicht aus der Spannzange. Um das zu verhindern, kann man beim Lösen der Spannmutter ein Holz- oder Kunststoffstück direkt unter den Fräser legen.

4.3. Schraubstock

Beim Fräsen wird häufig die Bedeutung des Schraubstocks unterschätzt. Was nutzt die beste Maschine, wenn der Schraubstock nicht in der Lage ist, das Werkstück fest und präzise zu spannen? Damit auch kleine Werkstücke bequem zu spannen und zu bearbeiten sind, sollten die Schraubstockbacken ohne Spannstufe ausgeführt sein bzw. gegen Backen ohne Spannstufe ausgetauscht werden können. Da man die meisten Werkstücke in mehreren Aufspannungen bearbeiten muss, ist die Genauigkeit des Schraubstocks (insbesondere die Rechtwinkligkeit der festen Backe zur Auflagefläche des Schraubstocks) von besonderer Bedeutung. Ein Prisma in einer der Backen ist beim Spannen runder Teile hilfreich. Auf jeden Fall sollten die Backen aber glatt (ohne Riffelung) sein, damit schon bearbeitete Flächen nicht beschädigt werden.

Für die horizontale Ausrichtung des Werkstücks wird dieses direkt oder mit zwischengelegten Parallelleisten auf die Führungsbahn der losen Backe gelegt. Falls die Schraubstockbacken eine Spannstufe haben, können flache Werkstücke auch dort gespannt werden. Beim Spannen darf sich die lose Backe auf keinen Fall hochdrücken. Das ist gewährleistet, wenn die lose Backe eine sehr stabile und präzise Führung hat oder durch den Betätigungsmechanismus nicht nur an das Werkstück gepresst, sondern auch noch auf die Führungsbahn gezogen wird (Niederzugsystem). Auch bei einem noch so guten Schraubstock sollte man nach dem Spannen kontrollieren, ob das Werkstück ohne Luft auf der Unterlage aufliegt. Falls sich

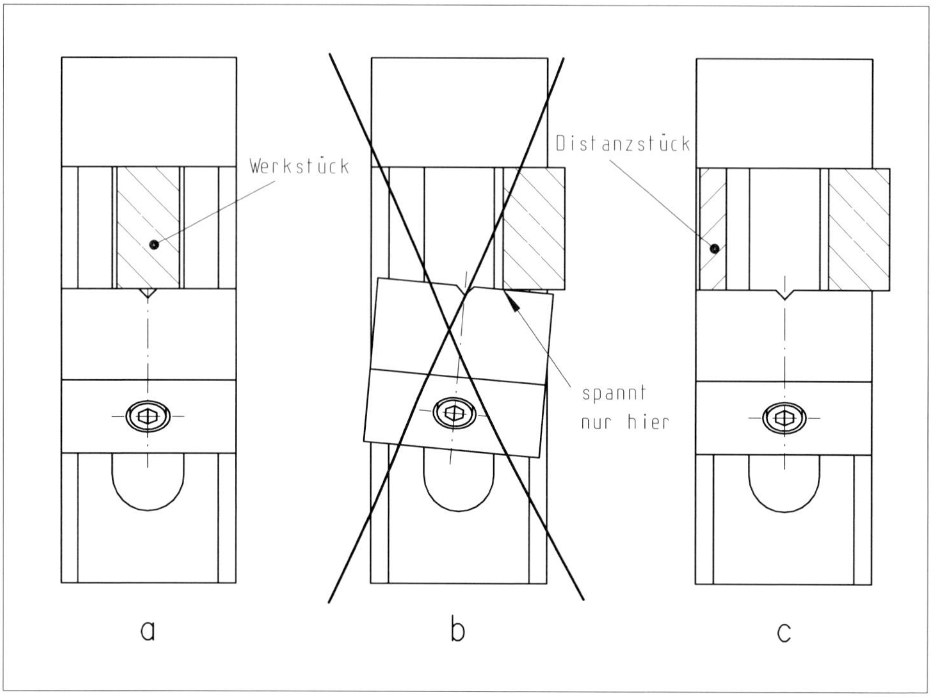

Abb. 21: Spannen im Schraubstock

untergelegte Parallelleisten wie in Bild 44 (HSS-Drehlinge) noch leicht verschieben lassen, kann man mit einem rückschlagfreien Schonhammer (mit Kunststoff-Schlageinsätzen) oder einem Kupferstück auf die noch unbearbeitete Fläche schlagen und so das Werkstück „setzen".

Werkstücke, die schmaler als die Schraubstockbacken sind, sollten grundsätzlich in der Backenmitte gespannt werden **(Abb. 21 a)**. Das lässt sich aber dann nicht realisieren, wenn ein kurzes Werkstück so gespannt werden muss, dass es seitlich über die Schraubstockbacken hervorsteht. Insbesondere wenn das Werkstück nicht bis zur Mitte der Schraubstockbacken reicht, wird die lose Backe etwas verkanten. Das Werkstück wird dann nur noch an einer Kante, nicht aber auf den Flächen gespannt (Abb. 21 b, übertrieben dargestellt). Für das Fräsen reicht die Spannung dann nicht aus. Wenn die lose Backe ohne großes seitliches Spiel geführt ist, also nur minimal verkanten kann, reicht es bei leichten Fräsarbeiten (kleine Schnittkräfte) aus, zwischen die lose Backe und das Werkstück einen Streifen dickes Papier (z.B. Fotokarton, ca. 300 g/m^2) zu legen. Wenn diese Maßnahme für eine sichere Spannung nicht ausreicht, kann man auf der nicht benutzten Seite der Backe auch ein gleich dickes Distanzstück als Gegenlager spannen **(Bild 16)**. Dieses darf aber nicht bis zur Backenmitte reichen, sondern muss am Ende der Backe gespannt werden (Abb. 21 c). Wenn nicht sicherzustellen ist, dass das Werkstück und das Distanzstück bis auf wenige 1/100 mm gleich dick sind, kann auch hier zum Toleranzausgleich ein Stück dickes Papier (120 g/m^2 reicht meistens) zwischen die lose Backe und das Werkstück sowie das Distanzstück gelegt werden.

Bild 16

4.4. Spanneisen

Spanneisen werden verwendet, wenn Werkstücke direkt auf dem Fräsmaschinentisch festgespannt werden müssen. Bei der Verwendung ist zu beachten, dass das Spanneisen auf keinen Fall auf der Werkstückkante aufliegt **(Abb. 22, links)** sondern flach auf dem Werkstück (Abb. 22, rechts). Bei einigen Bauformen von Spanneisen werden als Gegenlager feste Unterlagen anstelle der Einstellschraube verwendet. Diese stützende Unterlage muss genau so dick wie das Werkstück oder allenfalls etwas dicker als das Werkstück sein, so dass das Spanneisen flächig auf dem Werkstück aufliegt oder mit der Spitze spannt. Wenn das Spanneisen etwas schräg zur Spannschraube steht, wird eine Spannmutter ohne Winkelausgleich nur noch einseitig auf dem Spanneisen aufliegen (vgl Abb. 22, links).

In solchen Fällen legt man zwischen Spannmutter und Spanneisen eine Kugelscheibe und eine Kegelpfanne (Unterlegscheibe mit kegelförmiger Vertiefung) oder

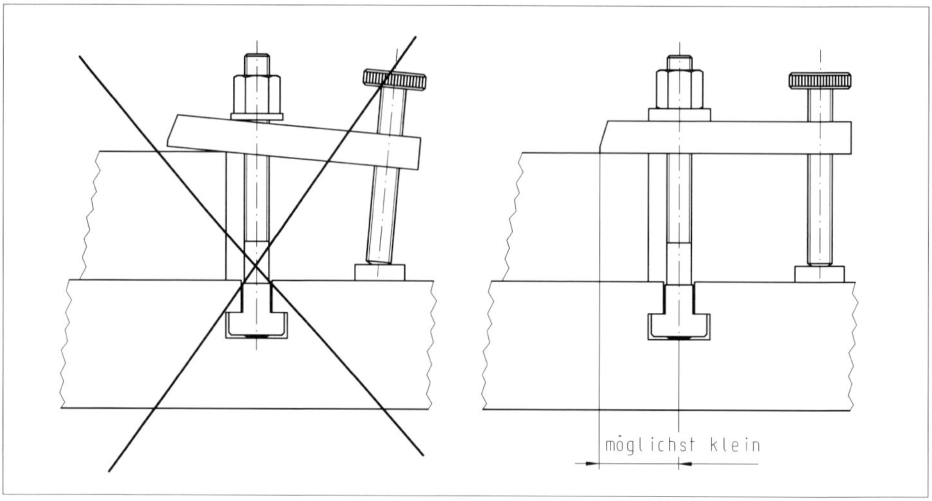

Abb. 22: Spannen mit Spanneisen

verwendet Spannmuttern mit einem kugelförmigen Ende in Kombination mit einer Kegelpfanne. Wenn für die Spannschraube ein Langloch vorgesehen ist, muss die Spannschraube so nahe wie möglich am Werkstück angeordnet sein, damit ein möglichst großer Teil der Spannkraft auf das Werkstück wirkt.

4.5. Rundtisch/Teilapparat

Immer wenn es um die Bearbeitung von Werkstücken geht, die zum Positionieren zwischen den einzelnen Bearbeitungsschritten ein Drehen um eine bestimmte Achse erfordern oder die z.B. Kreissegmente aufweisen, die sich nicht durch eine Drehbearbeitung herstellen lassen, ist ein Teilapparat oder Rundtisch eine große Hilfe.

Der Teilapparat oder auch „Teilkopf" unterscheidet sich vom Rundtisch in der Bauform. Die zum Drehen des Werkstücks dienende Spindel hat beim Teilapparat eine Aufnahme (Innenkegel, Flansch) für Spannvorrichtungen (z.B. Dreibackenfutter, Spannzangen), mit denen dann das Werkstück gespannt wird. Der Rundtisch hingegen hat einen drehbar gelagerten, runden, mit T-Nuten versehenen Tisch. Auf dem Tisch kann man die Werkstücke oder auch Spannvorrichtungen (z.B. Dreibackenfutter, Schraubstock) festspannen. Wenn man den Tisch des Rundtisches im weitesten Sinne als „Teilkopfspindel" betrachtet, kann man sagen, dass Rundtische eine kurze Teilkopfspindel mit großem Durchmesser und Teilapparate eine lange Teilkopfspindel mit relativ kleinem Durchmesser haben. Je nach Einsatzfall hat jede Ausführung Vor- und Nachteile.

Beim Teilen, egal ob mit Teilapparat oder Rundtisch, unterscheidet man zwischen direktem Teilen, indirektem Teilen und Differential-Teilen. Bei den folgenden Erklärungen werden die beim Teilapparat gängigen Begriffe verwendet.

<u>Direktes Teilen</u>

Beim direkten Teilen ist eine Teilscheibe (Lochscheibe, Rastenscheibe) direkt mit der Teilspindel verbunden. An die Stelle der Teilscheibe treten bei einigen Rundtischen Teilbohrungen, die sich am Umfang des Tisches befinden. Das Gehäuse des Teilapparats weist einen Teilstift auf, der mit den Teilbohrungen bzw. Rasten in Eingriff gebracht werden kann, so dass die Teilkopfspindel an den durch die Bohrungen bzw. Rasten vorgegebenen Positionen arretiert werden kann. Zwischen den einzelnen Positionen wird die Teilkopfspindel von Hand weitergedreht. Möglich sind alle Teilungen, die sich ganzzahlig in die Anzahl der Löcher bzw. Rasten teilen lassen. Bei 24 Bohrungen sind also Teilungen von 2, 3, 4, 6, 8, 12, 24 möglich. Falls eine Winkelskala vorhanden ist, kann auch jede andere Teilung vorgenommen werden. Begrenzt ist man dann nur durch die Ablesegenauigkeit. Falls der Teilapparat ein Schneckengetriebe zum Antrieb der Teilkopfspindel hat, muss man Schnecke und Schneckenrad außer Eingriff bringen, da sich die Teilkopfspindel sonst nicht direkt drehen lässt. Dies geschieht bei den meisten Teilapparaten, indem die Lagerhülse der Schnecke um ca. 180° gedreht wird. Die Lagerung der Schnecke ist exzentrisch in dieser Hülse angeordnet **(Bild 17)**, so dass sich der Abstand zwischen Schnecke und Schneckenrad beim Drehen der Lagerhülse verändert. Durch diese Anordnung kann man auch das Spiel zwischen Schnecke und Schneckenrad einstellen. Damit das Spiel nicht nach jedem Ausschwenken der Schnecke eingestellt werden muss, ist meistens eine Anschlagschraube vorhanden, mit der sich der Drehwinkel der Lagerhülse begrenzen lässt.

Bild 17: Rundtisch mit demontierter Schnecke; Ausrichtdorn

Indirektes Teilen

Beim indirekten Teilen wird die Teilkopfspindel nicht direkt gedreht, sondern durch ein vorgeschaltetes Schneckengetriebe (also indirekt) angetrieben. Die Teilkurbel ist mit der Schnecke des Schneckengetriebes und die Teilkopfspindel mit dem

Bild 18: Indirektes Teilen mit Teilscheibe und Teilschere

Schneckenrad des Schneckengetriebes verbunden. Die Übersetzung beträgt bei Teilapparaten meistens 40:1 und bei Rundtischen 90:1, d.h. 40 (90) Umdrehungen an der Teilkurbel ergeben eine Umdrehung der Teilkopfspindel bzw. des Tisches. Für eine exakte Positionierung ist die Teilkurbel mit einer Skala (Bild 63) versehen, die meistens Winkelminuten (') anzeigt (1° = 60'). Bei gleichmäßigen Teilungen ist der Einsatz einer Teilscheibe **(Bild 18)** anstelle der Skala wesentlich bequemer. Wenn eine Teilscheibe zum Einsatz kommt, hat die Teilkurbel einen Indexstift, der in die Bohrungen der Teilscheibe eingreift.

Die Teilscheibe ermöglicht es, jede Kurbelumdrehung nochmals in mehrere gleich große Schritte entsprechend der Anzahl der Bohrungen in der Teilscheibe zu unterteilen. Wenn die Teilscheibe beispielsweise 24 Bohrungen hat und das Übersetzungsverhältnis 90 beträgt, dann muss der Indexstift an der Teilkurbel 90 mal (volle Umdrehungen der Teilkurbel) an 24 Bohrungen vorbeibewegt werden, damit die Teilkopfspindel bzw. der Tisch eine volle Umdrehung ausführt. Das sind 2160 Bohrungen (= 90 × 24 Bohrungen). Damit lassen sich dann alle Teilungen verwirklichen, durch die sich 2160 ganzzahlig teilen lässt (2160, 1080, 720, 540, ...).

Für eine Teilung von 8 muss der Indexstift an der Teilkurbel zwischen den Bearbeitungsschritten also jeweils um 270 Bohrungen (8 × 270 = 2160) weiterbewegt werden. Dazu muss die Teilkurbel 11-mal vollständig (11 × 24 = 264) und dann noch um 6 Bohrungen weitergedreht werden. Da man sich beim Weiterdrehen um die restlichen (in diesem Beispiel: 6) Bohrungen leicht verzählen kann, ist der Teilapparat mit einer Teilschere ausgerüstet. Diese wird so eingestellt, dass sich zwischen den beiden Scherenarmen der Teilschere eine Bohrung mehr befindet, als restliche Bohrungsabstände errechnet wurden. In diesem Beispiel müssen sich also 7 Bohrungen (= 6 Bohrungsabstände) zwischen den beiden Scherenarmen der Teilschere befinden.

Sofern die erste Teilung nicht in einer bestimmten Winkellage erfolgen muss, wird der Indexstift zuerst in diejenige Bohrung auf der Teilscheibe eingerastet, neben der die Anzahl der Teilkreisbohrungen angegeben ist. Die auf die Bohrungsabstände eingestellte Teilschere liegt dabei so, dass sich der Indexstift zwischen den Teilscherenarmen befindet. Die Teilschere wird dann in der gleichen Richtung wie später die Teilkurbel so weit gedreht, bis der entsprechende Teilscherenarm am Indexstift anliegt **(Abb. 23, links)**. In dieser Stellung erfolgt der erste Bearbeitungsschritt (Loch bohren, Zahn fräsen etc.). Dann wird der Indexstift ausgerastet und die Teilkurbel um die errechnete Anzahl der vollen Umdrehungen (hier 11) und dann noch so weit gedreht, dass der Indexstift am zweiten Teilscherenarm anliegt (Abb. 23, Mitte). In die hier liegende Bohrung wird der Indexstift eingerastet. Dann wird die Teilschere sofort weiterbewegt, bis der erste Teilscherenarm wieder am Indexstift anliegt (Abb. 23, rechts). Der nächste Bearbeitungsschritt kann jetzt erfolgen usw.

Zur Ermittlung der für die jeweilige Teilung benötigten Teilscheibe bzw. Bohrungsanzahl kann man sich die Rechnerei meistens ersparen, da den Teilapparaten üblicherweise Tabellen mit den möglichen Teilungen beiliegen.

Durch die hohe Übersetzung zwischen Teilkurbel und Teilkopfspindel ist es auch möglich, Rundfräsarbeiten durchzuführen. Hierbei wird die Möglichkeit genutzt, das Werkstück während des Fräsens um einen definierten Winkel zu drehen.

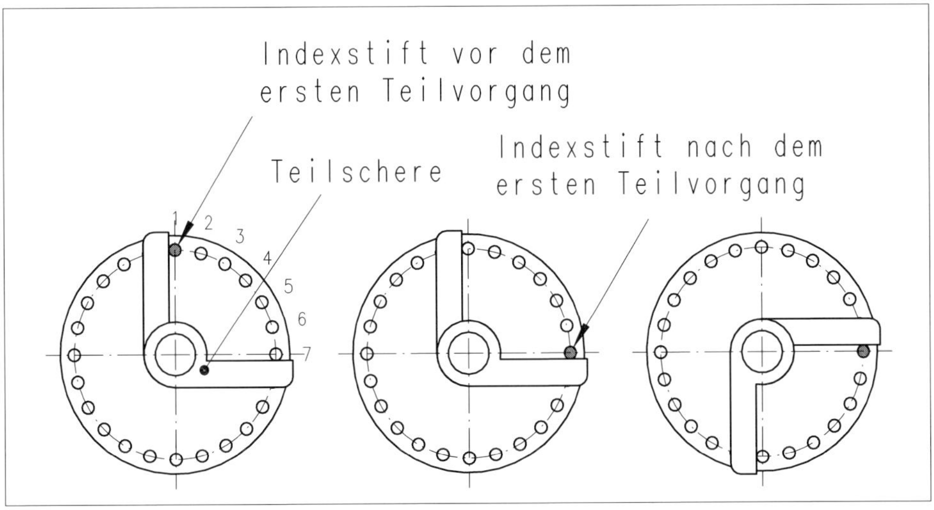

Abb. 23: Teilen mit der Teilscheibe

Differentialteilen

Beim Differentialteilen wird die Teilscheibe zusätzlich durch ein mit der Teilkopfspindel verbundenes Zahnradgetriebe angetrieben. Wenn man also an der Teilkurbel dreht, wird durch die daraus resultierende Drehung der Teilkopfspindel auch die Teilscheibe angetrieben. Für das Differentialteilen benötigt man einen so genannten

Universal-Teilapparat. Auf eine weitergehende Erklärung des Differentialteilens wird hier verzichtet, da sie den Rahmen dieser Abhandlung sprengen würde. Zudem lassen sich schon mit wenigen Teilscheiben die meisten in der Praxis vorkommenden Teilungen durch indirektes Teilen erzeugen.

Wendelnutenfräsen

Wendelnuten sind schraubenförmige Nuten (wie ein Gewinde) mit großer Steigung. Beim Wendelnutenfräsen wird zwischen der Vorschubspindel des Fräsmaschinentisches und der Teilkopfspindel bzw. der Teilkurbel ein Zahnradgetriebe angeordnet. Wenn man den Fräsmaschinentisch durch Kurbeln an der Vorschubspindel linear verfährt, wird durch das Getriebe auch die Teilkopfspindel und damit das Werkstück gedreht. Die Steigung der Wendelnut kann durch die Auswahl der Getriebeübersetzung beeinflusst werden.

4.6. Spannzeuge und Werkzeuge mit Kegel

Spannzangenfutter, Fräserdorne, Bohrfutter, Körnerspitzen, große Bohrer usw. haben üblicherweise einen Kegelschaft, der in den Innenkegel der Maschine (z.B. Arbeitsspindel, Reitstock) eingesetzt wird. Damit die Kegel nicht beschädigt werden und eine starre, rundlaufende Verbindung entsteht, müssen die Kegel vor dem Zusammenfügen sauber sein. Den Außenkegel kann man leicht abwischen. Zur Reinigung des Innenkegels gibt es Konuswischer. Diese haben einen mit Lederstreifen besetzten Kegel (Bild 15, rechts). Der Konuswischer wird in den zu reinigenden Kegel eingeführt und unter leichtem Andruck gedreht.

Sehr weit verbreitet bei Drehmaschinen, Bohrmaschinen und kleineren Fräsmaschinen ist der Morsekegel. Der Morsekegel hat einen kleinen Kegelwinkel (schlanker Kegel, siehe Bilder 6 und 15), durch den er selbsthemmend ist, d.h. er hält selbstständig im Innenkegel. Die Verbindung ist aber nicht so sicher, dass damit ohne weitere Maßnahmen gefräst werden kann. Das Einsetzen des Kegels hängt von Kegeltyp und der jeweiligen Maschine ab:

Drehmaschine, Reitstock: Der einzusetzende Kegel wird vorsichtig bis ca. 10 mm vor die Endposition in den Innenkegel eingeführt und dann mit etwas Schwung bis zum Kontakt der beiden Kegel weitergeschoben. Bei Reitstöcken mit selbstauswerfender Pinole muss die Pinole vor dem Einsetzen des Kegels etwas ausgefahren werden. Das Entfernen des Kegels geschieht bei Reitstöcken mit selbstauswerfender Pinole durch vollständiges Zurückziehen der Pinole. Die *Myford* hat keine selbstauswerfende Pinole. Hier wird der Kegel ausgeworfen, indem eine Messing- oder Kupferstange von der Rückseite her durch die hohle Pinole geschoben wird. Die gleiche Vorgehensweise ist auch nötig, wenn ein Kegel in die Arbeitsspindel eingesetzt wurde.

Fräsmaschine: Damit die beim Fräsen entstehenden Kräfte sicher übertragen werden, wird der Kegel des Spannzangenfutters bzw. Fräserdorns durch eine Anzugstange („lange Schraube") in den Spindelkegel eingezogen. Der Kegel hat deshalb ein Innengewinde (Bild 6, links). Meistens (aber nicht immer, daher Aufpassen beim Maschinenkauf) ist zum Auswerfen des Kegels eine Auswurfvorrichtung vorhanden.

Bohrmaschinen: Morsekegel für Bohrmaschinen haben üblicherweise einen Austreiblappen am Ende des Kegels. Der Kegel wird vorsichtig bis ca. 10 mm vor die

Endposition in den Spindelkegel eingeführt und dann unter gleichzeitigem Drehen weitergeschoben, bis der Austreiblappen in den Mitnehmer der Spindel eingreift und so eine weitere Drehung verhindert. Die letzten Millimeter wird der Kegel mit Schwung bis zum Anschlag weitergeschoben. Zur Sicherheit kann der Kegel durch einen axialen Schlag mit einem Holz- oder Kunststoffstück noch einmal gesetzt werden. Dabei darf aber nicht auf Teile geschlagen werden, die durch den Schlag beschädigt werden können. Zum Entfernen des Kegels wird die Pinole weit ausgefahren. Die Pinole und die in der Pinole angeordnete Spindel haben in diesem Bereich einen Durchbruch. Die beiden Durchbrüche werden durch Drehen der Spindel zur Deckung gebracht. Dann wird ein Austreiber durch die beiden Durchbrüche gesteckt und durch einen Schlag auf den Austreiber der Kegel ausgeworfen. Wesentlich schonender für die Spindel sind halbautomatische Austreiber, bei denen das Austreiben ohne Schlag funktioniert. Es ist auf jeden Fall zu beachten, dass in eine Bohrmaschinenspindel nur Kegel mit Austreiblappen gesteckt werden – das Entfernen des Kegels wird sonst sehr schwierig oder unmöglich.

5. Unfallverhütung/Sicherheitsmaßnahmen

Bei allen Einrichtarbeiten (Ausrichten, Spannen und Entspannen des Werkstücks, Messen etc.) muss die Maschine so ausgeschaltet werden, dass ein unbeabsichtigtes Einschalten (z.B. durch Hängen bleiben mit der Kleidung am Schalter) unmöglich ist. Das Werkzeug (Drehmeißel, Fräser) bzw. das Werkstück sollte so weit weggefahren werden, dass sich das Werkzeug nicht mehr in dem Bereich befindet, wo man arbeitet. Wenn es trotzdem passieren kann, dass man z.B. bei einer unbedachten Bewegung oder beim Ausrutschen der Hand das Werkzeug berührt, sollte dieses aus der Maschine entfernt oder abgedeckt (z.B. Verpackung eines Fräsers, Kunststoffhülse) werden. Lappen sind hierfür nicht geeignet. Wenn man nämlich vergisst, diese vor dem Einschalten der Maschine zu entfernen, können sehr gefährliche Situationen entstehen. Das gilt auch für Drehmaschinen, da sich Lappen auch um glatte Drehteile wickeln können.

Beim Umgang mit rotierenden Werkzeugen und Werkstücken darf nur enganliegende Kleidung aus feinmaschigen Geweben getragen werden (insbesondere Ärmel!). Grobmaschige Kleidung (wie z.B. Stricksachen) und weite Kleidung kann sehr leicht von umlaufenden Werkzeugen, Spindeln, Werkstücken oder Spänen erfasst werden.

Beim Umgang mit rotierenden Werkzeugen und Werkstücken dürfen auf keinen Fall Handschuhe getragen werden. Wenn es z.B. beim Bohren passieren sollte, dass man mit der bloßen Hand in Kontakt mit den mit dem Bohrer umlaufenden Spänen kommt, wird es höchstens ein paar Schnittwunden geben. Wenn man jedoch Handschuhe anhat, kann es passieren, dass der Handschuh erfasst wird und sich mitsamt der Hand um den Bohrer wickelt. Abgerissene Finger und Sehnen sind die Folge!

Werkstücke und Werkzeuge müssen stets sicher gespannt werden. Besonders an der Bohrmaschine wird oft auf eine sichere Spannung der Werkstücke nicht geachtet. Eine „sichere Spannung“ ist abhängig vom Werkzeug und Werkstück. Beispiel: Ein Werkstück von 30 × 20 × 20, in das eine Bohrung Ø 1 mm einzubringen ist, kann beim Bohren mit der Hand festgehalten werden, sofern es sich sicher auf den Bohrtisch auflegen lässt. Der Bohrer bricht eher ab, als dass er das Werkstück mitreißt. Bei einer Bohrung Ø 5 mm müsste das Werkstück in einem Schraubstock gespannt werden. Bei einer Bohrung Ø 10 mm ist es ratsam, auch noch den Schraubstock auf dem Bohrtisch festzuspannen.

Bei allen zerspanenden Arbeiten sollte grundsätzlich eine Schutzbrille getragen werden. Selbst bei der Verarbeitung langspanender Kunststoffe kann es passieren, dass ein umlaufender Span andere Späne erfasst und wegschleudert.

Bohrfutterschlüssel, Spannschlüssel für Drehmaschinenfutter, Spannschlüssel an Fräsmaschinen usw. dürfen niemals stecken gelassen werden. Wenn die Maschine eingeschaltet wird, werden sie zu Geschossen.

Bei allen Drehmaschinenfuttern ist darauf zu achten, dass alle außenliegenden Kanten mit mindestens 0,5 × 45° angefast sind. Wenn es wirklich einmal passieren sollte, dass die Hand mit den umlaufenden Backen in Berührung kommt, dann werden die Folgen bei weitem nicht so schlimm sein wie bei scharfkantigen Backen, denn diese wirken wie Messer! Das gilt auch für andere umlaufende Kanten.

Bei allen Backenfuttern ist darauf zu achten, dass die Backen nur so weit herausgedreht werden, dass sie noch sicher mit dem Spannmechanismus in Verbindung stehen.

Messungen dürfen nur bei stillgesetzter Maschine durchgeführt werden.

Wenn bei der Drehmaschine zum Entgraten von Werkstückkanten eine Feile benutzt wird, muss diese so gehalten werden, dass sich der linke Arm auf keinen Fall über dem laufenden Backenfutter befindet. Die linke Hand umfasst also das Feilenheft (Griff) und die rechte Hand führt die Feile am anderen Ende. Auf diese Weise dürfen nur Kanten entgratet werden, die einen ausreichenden Sicherheitsabstand zu den Futterbacken haben.

Alle Arbeiten in der Nähe des rotierenden Futters, des Werkzeugs oder des Werkstücks (z.B. Entgraten mit Feile, Arbeiten mit Schleifleinen) muss man so durchführen, dass alle nicht geplanten Bewegungen wie z.B. das reflexartige Wegziehen der Hand immer von den gefährlichen Stellen (Futter, Werkstückkanten, Werkzeuge) weg geschieht.

Zum Entfernen der Späne sollte niemals Druckluft benutzt werden. Neben der Gefahr, dass Späne in die Lager und Führungen gelangen, können umherfliegende Späne auch noch Verletzungen (Augen!) verursachen. Trotzdem kenne ich keinen Dreher, der nicht hin und wieder Druckluft benutzt, um ein Werkstück oder Werkzeug von feinen Spänen und Öl zu befreien. Wer sich aber nicht absolut sicher ist, dass er weder sich selbst noch andere dabei verletzt und auch nicht die Maschine ruiniert, sollte die Finger davon lassen. Für das Säubern der Maschine sind ein Industriestaubsauger, Pinsel und Lappen sowieso wesentlich geeigneter.

Lange Haare gehören unter eine Mütze oder ein Haarnetz!

Die Festigkeit von Kunststoffspänen sollte man auf keinen Fall unterschätzen! Lange Kunststoffdrehspäne wickeln sich leicht um das Werkstück. Sie können sehr scharfkantig sein und haben eine erstaunliche Zugfestigkeit (man denke nur an Angelschnüre). Bei laufender Maschine dürfen sie grundsätzlich nie mit der Hand angepackt werden. Dieses gilt auch für die Späne in der Spänewanne. Selbst wenn sich der beim Drehen entstehende Span zeitweise nicht um das Werkstück wickelt, kann es doch passieren, dass er plötzlich aufgewickelt wird. Bei den bei Kunststoffen üblichen Schnittgeschwindigkeiten geht das rasend schnell. Wer dann mit den Händen im Bereich der Späne ist, kann nur hoffen, dass er mit ein paar Schnittwunden davonkommt. Die Spänewanne muss bei langspanenden Kunststoffen öfters bei stehender Maschine entleert werden. Andernfalls kann es passieren, dass ein sich aufwickelnder Span die Späne in der Spänewanne erfasst. Die Spänewanne ist dann leer, bevor die Maschine ausgeschaltet ist. Besonders wichtig ist, dass man sich der Gefahr bewusst ist. Mit der Einstellung „Es ist ja nur Plastik" wird man wohl bald den ersten Unfall erleben.

Langspanende Werkstoffe ergeben oft Wirr- oder Bandspäne, die beim Arbeiten stören und entfernt werden müssen. Das darf auf keinen Fall mit den Händen geschehen! Ein Spänehaken ist für diese Arbeit in absolutes Muss. (Eigenbau: Stahl Ø 5 mm, ca. 300 mm lang mit Handgriff, vorne ca. 20 mm abgewinkelt.)

Wenn eine Bohrung mit Spiralbohrern in Stufen aufgebohrt wird, muss unbedingt darauf geachtet werden, dass der Bohrer mit **definiertem** Vorschub in den Schnitt gebracht wird. Andernfalls kann es leicht passieren, dass er sich in das Material hineinzieht.

Drehmaschine: Wenn zum Bohrerwechsel oder zum Ausspänen der gesamte Reitstock zurückgezogen wird und dann bei laufender Maschine wieder Richtung Reitstock geschoben wird, kann es passieren, dass der Reitstock so weit vorgeschoben wird, dass der Bohrer in Eingriff kommt bevor der Reitstock geklemmt ist.

Bohrmaschine: zu großer Vorschub, Axialspiel in der Pinole, nicht ausreichend fest gespanntes Werkstück. Besonders kritisch sind alle spröden Werkstoffe (z.B. Ms58, PMMA) und alle sehr weichen Werkstoffe (z.B. Cu, Al weich, Kunststoffe).

6. Sonstiges

6.1. Beschädigungen des Fräsmaschinentisches/Abziehstein

Beim Arbeiten mit der Fräsmaschine ist es kaum zu vermeiden, dass der Fräsmaschinentisch hin und wieder mal eine Macke bekommt. Schon ein Futterschlüssel, der fallengelassen wird, hinterlässt einen kleinen Eindruck – es entsteht eine kleine Vertiefung mit einem erhöhten Rand. Wenn man in diesem Bereich einen Schraubstock aufspannt, wird er nicht mehr satt auf dem Maschinentisch aufliegen, so dass ein genaues Spannen von Werkstücken nicht mehr möglich ist. Solche Materialaufwerfungen müssen deshalb entfernt werden. Das geschieht mit einem Abziehstein **(Bild 19)**. Geeignet sind keramisch gebundene Abziehsteine aus Edelkorund. Diese haben üblicherweise eine grobe Seite (ca. Korn 180) und eine feine Seite (Korn 500). Für die im Modellbau üblichen Fräsmaschinengrößen ist eine Größe von 125 × 50 (× 20) ausreichend. Beim Kauf sollte man darauf achten, dass die Arbeitsflächen eben sind (evtl. mit Haarlineal kontrollieren). Damit sich der Abziehstein durch das abgeschliffene Material nicht zusetzt, sollte man beim Abziehen reichlich dünnflüssiges Öl oder Petroleum zugeben. In den meisten Fällen wird die feine Seite zum Abziehen ausreichen. Beim Abziehen wird der Stein unter leichtem Druck über den Tisch bewegt, bis die erhöhte Stelle verschwunden ist. Man sollte gar nicht erst versuchen, auch noch die Vertiefung zu entfernen – es müsste zu viel Material weggeschliffen werden und der Tisch wäre danach kaum noch eben. Damit

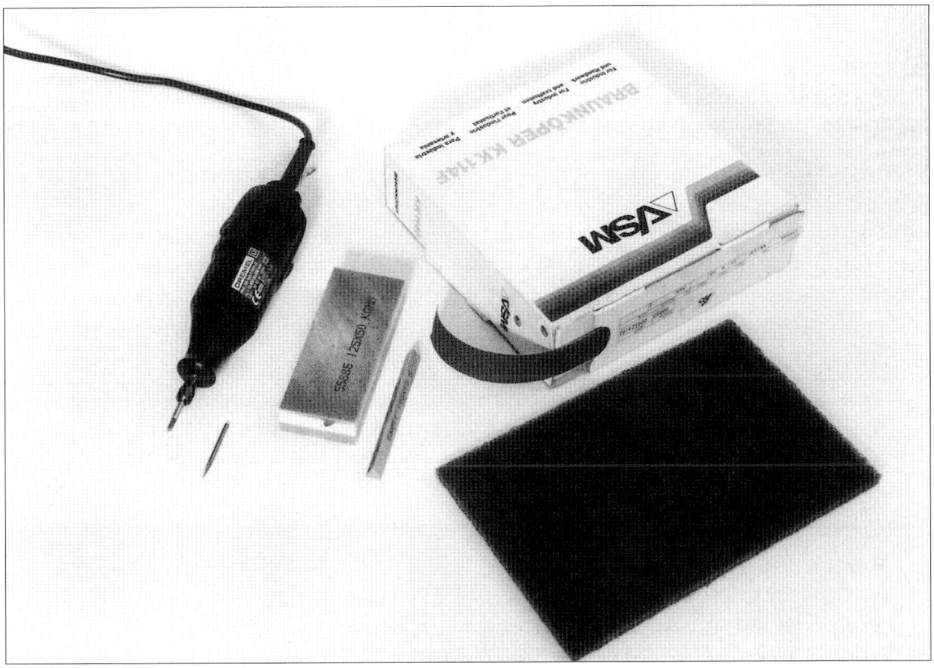

Bild 19

der Fräsmaschinentisch durch das Abziehen nicht uneben wird, sollte nicht nur der Bereich der Beschädigung, sondern in möglichst gleicher Intensität der gesamte Tisch (bis zum Rand) abgezogen werden. Damit der Abziehstein eben bleibt, darf er auf keinen Fall für das Schärfen von Werkzeugen verwendet werden.

6.2. Schleifmittel

Beim Drehen und Fräsen wird man immer wieder einmal die Bearbeitungsspuren der Werkzeuge beseitigen müssen. Das geschieht üblicherweise mit Schleifgewebe (Schleifleinen). Dieses sollte man im Industriebedarf kaufen. Das in Baumärkten erhältliche Schleifleinen ist meistens nicht für die Metallbearbeitung geeignet. Im Industriebedarf gibt es so genannte Sparrollen, sprich hochwertiges Schleifgewebe auf einer Rolle (Bild 19). Die kleinste verfügbare Breite (25 mm) ist in der Regel besonders flexibel, ölfest und lässt sich in Längsrichtung reißen ohne zu fransen. Mit den Körnungen 240, 400 und evtl. 120 ist man gut ausgerüstet. Beim Schleifen von Drehteilen auf der Drehmaschine muss das Schleifleinen so gehalten werden, dass es sich nicht um das Werkstück wickeln kann (Verletzungsgefahr!). Auf Bild 19 ist vorne noch ein Bogen Schleifvlies (Scotch-Brite™) zu sehen. Dieses mit Schleifmittel durchsetzte Vlies ist in verschiedenen Körnungen erhältlich und eignet sich hervorragend, um Metallteile mit einem gleichmäßigen Finish zu versehen.

6.3. Kühlschmiermittel

Beim Zerspanen von Werkstoff entsteht Wärme. Die Werkzeugschneide dringt in den Werkstoff ein und trennt einen Span ab. Damit die Schneide überhaupt in den Werkstoff eindringen kann, muss dieser zum Teil umgeformt werden. Beim Abtrennen und Verformen des Spans entsteht ebenso Wärme wie durch Reibungsvorgänge am Werkzeug (Werkzeug – Werkstück; Werkzeug – Span). Die meiste Wärme entsteht dort, wo das Werkzeug am empfindlichsten ist, sprich an der Schneide. Zur Reduzierung der Reibung sowie zur Kühlung der Werkzeugschneide setzt man ein Kühlschmiermittel ein.

Wenn der entstehende Span über die Spanfläche des Werkzeugs abläuft, kann es passieren, dass sich etwas Werkstoff auf der Spanfläche festsetzt. Dadurch entsteht eine neue „Schneide“, die sich aber in unregelmäßigen Intervallen wieder von der Spanfläche löst. Die dabei entstehende Werkstückoberfläche hat eine schlechte Qualität. Neben anderen Maßnahmen (siehe „Besseres Drehen und Fräsen“, Kap. 5.2, Aufbauschneiden) kann eine geeignete Schmierung die Entstehung dieser Aufbauschneiden verhindern.

Bei den allermeisten Aufgaben, mit denen man als Modellbauer konfrontiert wird, reicht eine Schmierung der Zerspanstelle mit einem Pinsel. Das zu verwendende Schmiermittel hängt im Wesentlichen vom Bearbeitungsverfahren und vom zerspanten Werkstoff ab:

- Leichte Schnitte, Bohren, Reiben, Dreh- und Fräsarbeiten ohne große Wärmeentwicklung in gut zerspanbaren Werkstoffen: so genannte Mehrzwecköle, die als Kühlschmiermittel, Hydrauliköl und Schmieröl einzusetzen sind. Diese Öle sind preiswert, meist hautverträglicher als Schneidöle für schwer zerspanbare Werkstoffe und auch für die Schmierung von Gleitlagern, Pinolen etc. einzusetzen. Wer sich nicht sicher ist, ob ein vorhandenes Öl geeignet und vor allem hautverträglich ist, kann zum Schmieren der Zerspanstelle (nicht aber der Maschine) auch Öle aus dem Lebensmittelbereich (Sonnenblumenöl etc.) verwenden. Diese haben vielfach eine ausreichende Schmierwirkung. Damit sie nicht ranzig werden, sollte man sie nicht zu lange offen herumstehen lassen.

- Bearbeiten schwer zerspanbarer Werkstoffe: spezielle Schneidöle, die schon in geringsten Mengen wahre Wunder wirken. Auch bei Verwendung selbstgefertigter Profilwerkzeuge, deren Spanwinkel für den zu zerspanenden Werkstoff eigentlich nicht geeignet ist (z.B. Stahl mit 0° Spanwinkel), kann man oft erst bei Verwendung eines solchen Öls gute Werkstückoberflächen erzeugen. Auch beim Gewindeschneiden in langspanende Werkstoffe ist der Einsatz eines Schneidöls sinnvoll.

Ms58 kann ohne Probleme trocken bearbeitet werden. Beim Schlichten kann allerdings durch Verwendung von Öl eine Verbesserung der Oberflächengüte erzielt werden. Grauguss sollte man entweder trocken oder mit so großen Mengen Schmiermittel zerspanen, dass die Späne weggespült werden (kommt bei den meisten im Modellbau eingesetzten Maschinen nicht in Frage). Wenn nur wenig Schmiermittel verwendet wird, bildet sich nämlich eine Paste, die sehr verschleißend wirkt. Besonders kritisch ist eine geringe Schmiermittelmenge bei Bearbeitungsverfahren, bei denen die Späne mit dem Werkzeug umlaufen (Bohren, Reiben, Gewindebohren, Fräsen) und so immer wieder in den Bereich der Schneide gelangen. Hier sollte man besser trocken arbeiten und die Späne evtl. absaugen.

Beim Schlichtdrehen (geringe Spänemenge) von Außendurchmessern hingegen reicht schon eine verhältnismäßig geringe Schmiermittelmenge (mit Ölflasche tropfenweise auf die Zerspanstelle geben), um die Späne wegzuspülen.

6.4. Rattermarken

Wenn ein Fräser beim Fräsen lärmt, ist das ein Hinweis darauf, dass irgend etwas nicht stimmt. Wenn die Ursache in der Überlastung der Maschine, des Fräsers oder Werkstückspannung liegt, kann man dies an den heftigen Vibrationen des Fräsers oder Werkstücks sehen. Das entstehende Geräusch kann mit den Begriffen „Rumpeln“ oder „Rappeln“ beschrieben werden. Wenn der Vorschub unterbrochen wird, hört das Spektakel auf.

Ganz anders verhält es sich, wenn beim Fräsen ein hoher Pfeifton entsteht. Dieser wird meistens schlimmer, wenn die Vorschubgeschwindigkeit reduziert wird. Die entstehende Werkstückoberfläche wird nicht glatt sein sondern Markierungen in gleichmäßigen Abständen aufweisen – Rattermarken. Dieses Rattern tritt häufig auf, wenn eine bestimmte Mindestspandicke unterschritten wird, der Fräser also zu wenig zu tun hat Die Fräserzähne schaben mehr über den Werkstoff, als dass sie einen definierten Span abnehmen. Der Fräser wird abgedrängt und nimmt nur dann wieder einen Span ab, wenn durch den weiteren Vorschub genügend Werkstoff da ist. Durch diese Vorgänge sowie durch die Eingriffstöße der Fräserzähne wird der Fräser zu Schwingungen angeregt.

Das Rattern verschwindet meistens, wenn die Vorschubgeschwindigkeit und damit der Zahnvorschub erhöht wird. Das ist aber oftmals nicht möglich, weil man aufpassen muss, dass man nicht zu weit fräst. In solchen Fällen kann man die Schnittgeschwindigkeit reduzieren. Beim Fräsen von Innenecken ist ein Rattern aber meistens nicht zu vermeiden. Damit nicht zu weit gefräst wird, muss man den Fräser langsam der Ecke nähern. Wenn der Fräser genau in der Ecke steht, hat er so lange keinen Vorschub bis der Vorschub mit der anderen Achse fortgesetzt wird.

Wenn einmal auch in einer solchen Ecke großer Wert auf eine gute Oberfläche gelegt wird, kann man es mit einem Fräser mit sehr großem Spiralsteigungswinkel (ca. 45°) versuchen.

Auch bei Drehmeißeln kann ein Rattern auftreten. Hier hat man aber bei selbst angeschliffenen Drehmeißeln mehr Möglichkeiten, einem Rattern entgegenzuwirken. Die wirkungsvollsten Maßnahmen sind:

- Drehmeißel so kurz wie möglich einspannen
- Einstellwinkel der Hauptschneide vergrößern (bis 90...93°)
- Einstellwinkel der Nebenschneide ≥ 3° wählen
- Spitzenradius verkleinern
- Spanwinkel vergrößern
- Schnittgeschwindigkeit ändern (meistens verringern)
- Vorschub ändern (meistens vergrößern)
- Schnitttiefe ändern
- Werkstück (falls möglich) stabiler einspannen

6.5. Mindestspandicke

Wenn ein bestimmtes Maß möglichst genau erreicht werden muss, wird es manchmal vorkommen, dass das Werkstück nur noch wenige 1/100 mm zu groß ist. Wenn dann das Werkzeug so zugestellt wird, dass das Maß eigentlich exakt erreicht werden müsste, kann man manchmal feststellen, dass überhaupt kein Span mehr abgenommen wird – das Werkzeug quetscht nur noch. Das passiert immer, wenn die Mindestspandicke unterschritten wird. Die Mindestspandicke hängt u.a. von der Werkzeuggeometrie (Spanwinkel, Freiwinkel usw.) und vom Werkstoff ab. Wenn die Schnitttiefe und damit die Spandicke etwas vergrößert wird, kann das Werkzeug in einen Grenzbereich kommen, wo sich Schneiden und Quetschen in unregelmäßigen Abständen abwechseln. Das Ergebnis sind äußerst schlechte Oberflächen.

Wenn also ein genaues Maß einzuhalten ist, sollte man schon wissen, wie sich das eingesetzte Werkzeug verhält. Solange das Maß noch nicht erreicht ist, hat man ja ausreichend Möglichkeit, das auszuprobieren. Wenn dann bekannt ist, dass das eingesetzte Werkzeug beispielsweise nur bis zu einer Spandicke von 0,02 mm noch gut schneidet, muss man darauf achten, dass beim letzten Schnitt noch genügend Aufmaß vorhanden ist.

6.6. Anreißen

Sofern es nicht nur um das Planfräsen einer Fläche geht, steht man beim Fräsen immer wieder vor der gleichen Aufgabe. Nach dem Anfahren der Bezugskanten des Werkstücks sowie dem Nullen der Skalen (an den Vorschubkurbeln), müssen bestimmte Konturen in das Werkstück gefräst werden. Dabei sollen die geplanten Maße eingehalten werden. Die Werkstücke bzw. zu fräsenden Konturen sind meistens so groß, dass mehrere Umdrehungen an den Vorschubkurbeln nötig sind, um die nötigen Verfahrwege der Schlitten zu realisieren. Da zusätzlich der Fräserdurchmesser zu berücksichtigen ist, steht man vor einer Aufgabe, die die volle Konzentration erfordert. Trotzdem passiert es leicht, dass man sich um eine Umdrehung verzählt oder dass sich ein Rechenfehler bei der Berücksichtigung des Fräserdurchmessers einschleicht. Die gleiche Problematik tritt beim Bohren auf, wenn die Bohrpositionen angefahren werden.

Daher sollte man es sich zur Angewohnheit machen, die zu fräsenden Konturen bzw. die Bohrpositionen vor dem Bearbeiten anzureißen. Damit die Risslinien gut zu sehen sind, wird die Werkstückfläche vorher eingefärbt (wasserunlöslicher Filzstift oder Anreißfarbe). Da die Risslinien nur zur Kontrolle dienen, braucht man beim Anreißen nur eben die Farbe zu entfernen, ohne dass die Reißnadel tief in die Werkstückoberfläche eindringt. Zu tiefe Risslinien stören später nur.

Werkstückkonturen, deren Maße nicht von Bedeutung für die Funktion oder die Optik sind, können auch „nach Anriss“ gefräst werden.

Zur Technik des Anreißens ist schon viel geschrieben worden. Eine sehr gute Beschreibung findet man im Buch „Volldampf voraus“ von Klaus Buldt und Dirk Stukenbrok (Neckar-Verlag, Best.-Nr. 159). In diesem Buch werden auch andere Fertigkeiten wie z.B. Körnen, Feilen, Gewindebohren mit Handgewindebohrern, usw. ausführlich beschrieben.

7. Bau des Heißluftmotors

Die Herstellung einiger ausgewählter Teile wird im Folgenden recht ausführlich beschrieben, damit der Anfänger einen Einstieg in das Arbeiten mit der Drehmaschine und der Fräsmaschine bekommt. Vor dem Bau der einzelnen Teile sollte man sich zuerst Gedanken über die benötigten Werkzeuge machen und den Arbeitsablauf durchdenken. Als Hilfe ist der Arbeitsablauf der aufwendigeren Bauteile in einer gesonderten Zeichnung dargestellt (Plan Seite 2 sowie einige Abbildungen im Buch).

In eckige Klammern gesetzte, fett gedruckte Zahlen **[1]** beziehen sich auf die in den Zeichnungen durchnummerierten Arbeitsschritte.

Die Einzelteile für den Heißluftmotor sind in den betreffenden Zeichnungen zum Teil in mehr Ansichten dargestellt, als für eine eindeutige Darstellung nötig wären. Zusammen mit den Abbildungen der Teile wird sich somit auch der im Zeichnungslesen ungeübte Leser die Form der Teile schnell vorstellen können. Lesern, die mehr über technische Zeichnungen erfahren möchten, empfehle ich das Buch „Technisches Zeichnen“ (Hans Hoischen/Cornelsen Verlag, Berlin).

7.1. Verdrängerzylinder

7.1.1. Zylinderrohr (19)

Anfangen wollen wir mit diesem recht einfachen Teil aus Stahlrohr. Zunächst wird ein Stück Stahlrohr von ca. 46 mm Länge abgesägt bzw. mit einem Rohrabschneider abgetrennt. Wenn das Dreibackenfutter der Drehmaschine so klein ist, dass das Rohr beim Einspannen nur von dem aus dem Futterkörper hervorstehenden Backenbereich gespannt wird, sollte man zunächst ein Füllstück von ca. 15 mm Länge drehen, das ohne nennenswertes Spiel in das Rohr passt. Dieses Füllstück wird im Rohr im Bereich der Spannbacken platziert und erlaubt so ausreichende Spannkräfte, ohne dass sich das Rohr unter dem Spanndruck der Backen bleibend verformt. Bei größeren Backenfuttern kann das Rohr ohne Füllstück so eingespannt werden, dass es zum Teil in den Futterkörper hineinragt und nur wenige Millimeter über die Backen hervorsteht. Beim Spannen sollte man aber etwas Gefühl walten lassen, damit das Rohr nicht unrund wird. Wer sich hierbei nicht sicher ist, sollte auch bei größeren Futtern ein Füllstück benutzen. Dieses wird so weit in das Rohr eingeschoben, dass es ungefähr mit der Vorderkante der Backen abschließt. Beim Spannen in einer Spannzange benötigt man das Füllstück nicht, hier lassen sich größere Spannkräfte aufbringen, ohne dass das Rohr deformiert wird.

Falls ein Füllstück verwendet werden soll, wird zunächst zumindest ein Ende des Rohres innen entgratet. Dazu kann man beispielsweise einen Dreikantschaber oder eine Rundfeile verwenden. Das gleiche Rohrende muss auch außen gut entgratet werden (Flachfeile), damit ein einwandfreies Einspannen möglich ist.

Für die Fertigung des Füllstücks spannen wir ein Stück Automatenstahl Ø 20 von ca. 40 mm Länge so in das Dreibackenfutter, dass ca. 20 mm von den Backen gespannt werden (bei Verwendung der nach außen gestuften Backen).

Die Schnittgeschwindigkeit für Automatenstahl sollte bei Verwendung eines HSS-Drehmeißels etwa 40...90 m/min betragen. Bezogen auf den Außendurchmesser des Werkstücks entspricht dieses einer Drehzahl von 636... 1432 min^{-1}. Zum Drehen verwenden wir einen rechten Seitendrehmeißel mit einem Spanwinkel von ca. 15° (12...20°) bei einem Einstellwinkel von ca. 93° (Abb. 4). Durch den Einstellwinkel größer als 90° kann man den Drehmeißel auch zum Plandrehen verwenden. Der Drehmeißel wird so eingespannt, dass die ungestützte Länge (Schneidenseite) maximal dem 1...3fachen der Drehmeißelhöhe entspricht und die Schneidenecke exakt auf Spitzenhöhe steht. Bevor mit dem Drehen begonnen wird, muss noch überprüft werden, ob sich der Drehmeißel bis auf einige Millimeter vor das Dreibackenfutter bewegen lässt, ohne dass die Backen mit einem Teil (z.B. des Schlittens) kollidieren.

Der Drehmeißel wird zunächst mit einigen Millimetern Abstand in den Bereich des Werkstücks bewegt. Dann wird er bei eingeschalteter Spindel mit dem Planschlitten langsam auf das Werkstück zu bewegt, bis er gerade eben am Werkstück ankratzt. An diesem Punkt wird die Skala des Planschlittens auf Null gestellt. Damit sich die Planschlittenkurbel nicht mitdreht, muss sie festgehalten werden. Wenn die Maschine keine verstellbaren Skalen hat (wie die *Myford*), kann man sich die Skalenstellung merken oder eine Messuhr am Planschlitten anbringen und diese dann auf Null stellen (Bild 27, Nullstellung durch bewegliche Anschlagstange). Nun ziehen wir den Drehmeißel wieder etwas zurück und verfahren ihn nach rechts, bis er axial vor dem Werkstück steht. Dann stellen wir den Drehmeißel zu, d.h. wir bewegen ihn wieder zur Drehachse des Werkstücks hin (wie schon beim Ankratzen), diesmal aber um die Schnitttiefe von ca. 0,8 mm weiter.

Durch Drehen an der Kurbel des Bettschlittens bewegen wir nun den Drehmeißel in Vorschubrichtung langsam aber stetig auf das Werkstück zu. Der Drehmeißel berührt das Werkstück schließlich und nimmt einen Span ab. Durch gleichmäßiges Weiterkurbeln wird so eine 0,8 mm starke Werkstoffschicht abgetrennt. Der Span sollte ohne unangenehme Geräuschbildung (Rattern, Pfeifen) von der Schneide abgetrennt werden und leicht über die Spanfläche ablaufen. Wenn ein Rattern oder Pfeifen auftritt, sollte man zunächst einmal überprüfen, ob Drehmeißel und Werkstück fest eingespannt sind. Wenn das der Fall ist, kann man die Vorschubgeschwindigkeit etwas ändern (meistens erhöhen). Auch ein Ändern der Drehzahl (meistens verringern) kann Abhilfe schaffen. Ein Verringern der Zustelltiefe wird in diesem Fall nichts bringen, da sie ohnehin nur 0,8 mm beträgt. Wenn der Span nur unwillig über die Spanfläche abläuft und die entstehende Werkstückoberfläche schlecht ist, kann man etwas Öl mit einem Pinsel auf die Werkstückoberfläche auftragen. Wenn dies keine Verbesserung bringt, sollte man sich den Drehmeißelanschliff noch einmal genau ansehen und ggf. etwas ändern (z.B. größerer Spanwinkel, kleinerer Eckenradius).

Beim Kurbeln sollte man jetzt schon einmal darauf achten, die Vorschubgeschwindigkeit möglichst gleichmäßig zu halten. Das ist schlecht möglich, wenn man die Kurbel nur am Griff anpackt. Kugelkurbeln wie an der *Myford* packt man eher wie eine Flügelmutter an. Dadurch kann man eine größere Kraft aufbringen und die Drehgeschwindigkeit gleichmäßig halten. Das geht mit einer Hand selbstverständlich nur über einen Bereich von ca. ½ Umdrehung. Damit die Vorschubbewegung aber nicht unterbrochen wird, betätigt man die Kurbel abwechselnd mit beiden Händen, wobei während der „Ablösung“ beide Hände an der Kurbel sind, so dass kein Stillstand in der Vorschubbewegung entsteht. Dieses Vorgehen kann nicht früh genug geübt werden, da nur bei einer gleichmäßigen Vorschubgeschwindigkeit gute Werkstückoberflächen zu erzielen sind.

Bild 20:
Zylinderrohr;
Plandrehen

Eine gleichmäßige Vorschubgeschwindigkeit kann auch durch Benutzung des automatischen Vorschubs erreicht werden. Der Anfänger sollte aber von dessen Benutzung so lange absehen, bis er ein Gefühl für die Möglichkeiten und Grenzen der Maschine entwickelt hat.

Wir bewegen den Drehmeißel, bis er einige Millimeter vor dem Futter steht. Dann wird er etwas vom Werkstück radial wegbewegt und wieder in Richtung Reitstock in seine Ausgangsposition verschoben. Der soeben gedrehte Ansatz sollte jetzt einen Durchmesser von ca. 18,4 mm haben. Die Spindel wird angehalten und der Durchmesser des gedrehten Ansatzes gemessen. Die Skala des Planschlittens kann dann auf Null oder auf einen Wert eingestellt werden, der dem Durchmesser bzw. dem Radius des Ansatzes entspricht. Beim nächsten Schnitt stellen wir den Drehmeißel nur noch 0,1 mm zu und gehen wie beim ersten Schnitt vor. Damit sich keine Aufbauschneiden bilden, tragen wir aber vorher etwas Öl auf das Werkstück auf. Nach diesem Schnitt messen wir wieder (Öl und anhaftende Späne vorher entfernen). Wenn alles gut gelaufen ist, sollte sich der Durchmesser des Ansatzes um 0,2 mm verringert haben. Beim nächsten Schnitt stellen wir den Drehmeißel so weit zu, dass ein Durchmesser von 18,1 mm entsteht. Wer sich unsicher ist, kann zunächst nur einige Millimeter weit drehen und dann eine Kontrollmessung vornehmen. Wenn der erreichte Durchmesser zu klein ausgefallen sein sollte, kann man die Zustellung noch korrigieren – der verbleibende Bereich ist immer noch lang genug für das Füllstück.

Beim nächsten Schnitt mit noch geringerer Zustelltiefe probiert man, nachdem man 1...2 mm mit der gewählten Zustellung gedreht hat, ob sich das Rohr schon auf diesen Bereich aufschieben lässt. Auch hier kann man die Zustelltiefe wieder etwas verringern, wenn sich das Rohr zu leicht auf den „Probeabsatz" schieben lässt. Statt des „Probierens" kann man auch den Rohrinnendurchmesser messen und dann das Füllstück passend drehen. Dieses Verfahren hat allerdings seine Grenze in den zur Verfügung stehenden Messgeräten. Bei dem Füllstück reicht ein guter Messschieber.

Nachdem der Durchmesser fertig gedreht ist, kann man das Füllstück abstechen oder absägen. Zum Absägen sollte das Werkstück auf keinen Fall im Dreibackenfutter gespannt bleiben, sondern im Schraubstock gespannt werden. Das Abstechen geschieht mit einer Spindeldrehzahl von ca. 500 min^{-1} (weitere Hinweise siehe Kap. 2.1.3.2.3.).

Das Stahlrohr wird nun ggf. mit dem darin platzierten Füllstück eingespannt. Mit dem gleichen Drehmeißel, mit dem das Füllstück gedreht wurde, wird das Rohrende mit Längsvorschub (axial) sauber gedreht **(Bild 20)**. Wenn von den Sägespuren nichts mehr zu sehen ist, wird der Drehmeißel radial (auf dem Bild nach links) zurückgezogen. Da wir einen Einstellwinkel von ca. 93° gewählt hatten, nimmt der Drehmeißel dabei noch einen Span ab – die Stirnseite des Rohres wird plangedreht. Abschließend wird die Außenkante des Rohres mit einem Drehmeißel nach **Abb. 24** leicht angefast. Das Rohr wird umgedreht und die zweite Seite ebenfalls saubergedreht. Dann wird das Rohr ausgespannt, die Länge gemessen und wieder eingespannt. Nun wird der Drehmeißel bei drehender Spindel ganz langsam (axial) auf das Rohr zubewegt, bis die Drehmeißelspitze gerade die Stirnseite des Rohrs berührt und eine feine Spur hinterlässt. In dieser Stellung wird die Skala für den Längsvorschub auf Null gestellt. Bei der Myford, die keine verstellbaren Skalen

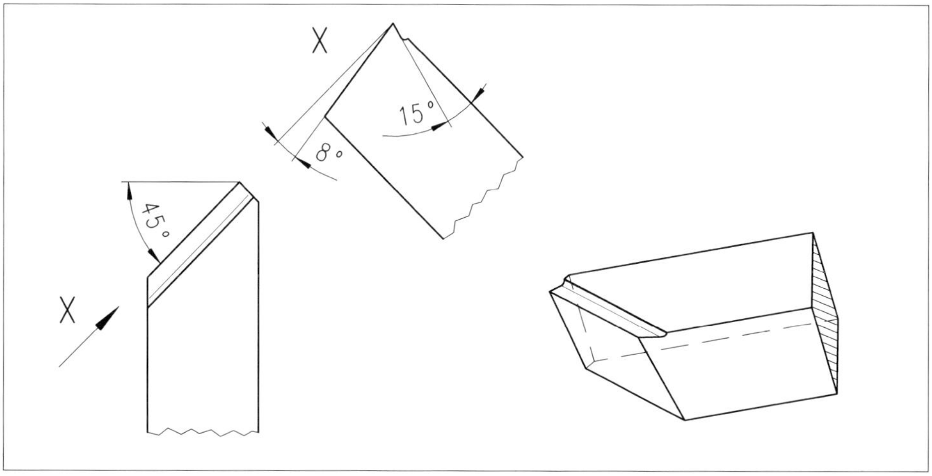

Abb. 24: 45°-Drehmeißel zum Drehen von Fasen

Bild 21: Deckel; Abstechen

besitzt, bewege ich den Bettschlitten so, dass die zugehörige Skala auf Null steht und der Drehmeißel das Werkstück noch nicht berührt. Das Ankratzen geschieht dann durch Bewegen des Oberschlittens.

Nun wird das Rohr auf die gewünschte Länge abgedreht und die Innenkante entgratet bzw. angefast. Damit ist das Zylinderrohr vorerst fertig bearbeitet.

7.1.2. Deckel (18)

Der Deckel wird aus Automatenstahl gefertigt. Damit der Deckel in das Rohr eingepresst werden kann, wird der entsprechende Ansatz ca. 0,1 ...0,2 mm größer als der Rohrinnendurchmesser gedreht. Das Übermaß kann so groß gewählt werden, weil das Rohr dünnwandig ist und sich beim Einpressen verformen kann. Beim Abstechen **(Bild 21)** lässt man den Deckel ca. 0,2...0,5 mm länger, damit die Abstechseite noch sauber gedreht werden kann.

7.1.3. Kühlrohr (13)

Das Kühlrohr wird aus Ms58 gefertigt. Zuerst wird die Außenkontur gedreht. Alle Flächen, die mit den O-Ringen in Berührung kommen, müssen eine gute Oberflächengüte aufweisen. Deshalb wird die 15°-Einführschräge mit dem schräggestellten Oberschlitten gedreht **(Bild 22)**. In der gleichen Aufspannung wird die 18-mm-Bohrung ca. 40 mm tief gebohrt und ausgedreht. Dann wird das Kühlrohr mit ca. 3,5 mm Aufmaß (Länge: 38 mm) abgestochen.

Die Aufnahme für das Zylinderrohr (19) wird von der anderen Seite gedreht. Damit der Übergang zwischen dem Innendurchmesser des Zylinderrohrs und dem Innendurchmesser des Kühlrohrs (Ø 18) möglichst keine Kante aufweist, muss das Kühlrohr mit einer hohen Rundlaufgenauigkeit gespannt werden. Dazu wird ein Zwischenring verwendet (**Bild 23**, vgl. Kap. 4.1.1.2.).

Bild 22: Kühlrohr; Drehen der Einführungsschräge mit Oberschlitten

Bild 23: Ausdrehen eines Zwischenrings zum Spannen mit hoher Rundlaufgenauigkeit

Nach dem Einspannen wird zuerst der Flansch auf eine Stärke von 7 mm plangedreht. Damit ist der Flansch 3 mm dicker als in der Zeichnung angegeben. Diese 3 mm werden als „Probebereich“ beim Einpassen des Zylinderrohrs verwendet. Die Bohrung zur Aufnahme des Zylinderrohrs wird dementsprechend 3 mm tiefer, also 17 mm tief, ausgedreht. Sie kann etwa 0,04 mm kleiner als der Außendurchmesser des Zylinderrohrs gedreht werden, so dass ein Einpressen des Zylinderrohrs möglich ist. Alternativ ist auch ein Verstiften möglich. Die Bohrung wird dann so groß gedreht, dass sich das Zylinderrohr gerade noch einschieben lässt. Wenn die Bohrung fertig ist, wird der Flansch auf 4 mm Stärke abgedreht.

Die Flanschbohrungen werden entweder auf dem Rundtisch oder nach Koordinaten gebohrt. Die erforderlichen Koordinaten sind auf Seite 2 des Plans beim Gehäuse zu finden.

7.1.4. Montage

Wenn bei den Passungen ein ausreichendes Übermaß berücksichtigt wurde, reicht es aus, den Deckel in das Zylinderrohr und das Zylinderrohr in das Kühlrohr einzupressen. Das geschieht im Schraubstock.

Wenn die Passung so gewählt wurde, dass sich die Teile ohne Kraftaufwand montieren lassen, müssen sie verstiftet werden. Dies geschieht vor dem Abdrehen des Zylinderrohres auf Ø 18,8. An zwei oder drei Stellen auf dem Umfang werden Bohrungen gesetzt {Position siehe Plan, Seite 2). Die Bohrungen werden zentriert, mit 1,5 mm vorgebohrt und dann auf 1,9 mm aufgebohrt. Als Stifte kann man 2-mm-Rundstahl verwenden.

Als erstes wird das Zylinderrohr mit dem Deckel verstiftet. Die Stifte erhalten eine Einführfase und können länger sein als die Tiefe der Stiftbohrungen. Der Überstand wird mit einer Feile entfernt.

Beim Verstiften des Kühlrohrs mit dem Zylinderrohr hingegen müssen die Stifte die korrekte Länge von 3,5 mm haben. Die Einführfase sollte nicht länger als 0,4 mm sein. Das Einpressen bzw. Einschlagen der Stifte muss mit größter Vorsicht geschehen, damit das Kühlrohr nicht beschädigt wird. Das Anpassen der Stiftenden an den Durchmesser des Kühlrohrs kann mit einer schmalen Nadelfeile geschehen. Dabei darf der Bereich, in dem der O-Ring dichtet, nicht mit erfasst werden.

Wenn der Verdrängerzylinder so weit montiert ist, wird das Kühlrohr ins Dreibackenfutter gespannt. Damit ein guter Rundlauf erzielt und das Kühlrohr von den Backen nicht beschädigt wird, erfolgt das Spannen mit einem Zwischenring (Bild 23, vgl. Kap. 4.1.1.2.).

Nach einer Kontrolle und ggf. Korrektur des Rundlaufs am Rohrende (max. 0,1 mm) wird das Zylinderrohr mit einem Spitzschlichtdrehmeißel in mehreren Schritten auf einen Durchmesser von 18,8 mm abgedreht **(Bild 24)**. Die Stirnseite des Deckels wird sauber gedreht und mit einem Radius oder einer Fase versehen.

7.2. Gehäuse (1)

Als Material für den Grundkörper wird ein Stück Vierkantstange 50 × 50, Ms 58 (CuZn39Pb3 oder CuZn40Pb2) verwendet.

Damit die spätere Bearbeitung der Gehäusebohrung problemlos erfolgen kann, wird zweckmäßigerweise zuerst ein zylindrischer Spannansatz an den Materialabschnitt gedreht.

Bild 24:
Verdrängerzylinder

Der Materialabschnitt wurde von einer Vierkantstange abgesägt und hat dementsprechend neben den gezogenen bzw. gepressten Flächen, die die Abmessung 50 × 50 der Vierkantstange definieren, noch zwei gesägte Flächen. Diese sind für die weitere Bearbeitung meistens nicht ausreichend eben und rechtwinklig zu den angrenzenden Flächen. Daher wird zunächst eine der gesägten Flächen plan und rechtwinklig zu den angrenzenden Flächen gefräst.

Die beim Sägen entstandenen Kanten haben meistens einen Grat, der ein sicheres Spannen im Schraubstock verhindert. Um den Grat zu entfernen, werden alle Sägekanten mit einer Feile leicht gebrochen (kleine Fase anfeilen). Durch das Hantieren beim Sägen etc. weisen die gezogenen bzw. gepressten Flächen oft Macken auf. Am Rande dieser Vertiefungen ist der Werkstoff meistens aufgeworfen, so dass ein sicheres Spannen auf der Fläche nicht möglich ist. Um die Materialaufwerfungen zu entfernen, wird eine Flachfeile über die Flächen bewegt, bis alle Aufwerfungen verschwunden sind.

[1] Der Materialabschnitt wird nun so in einen Schraubstock gespannt, dass eine der gesägten Flächen durch Stirnfräsen bearbeitet werden kann. Die zu den Schraub-

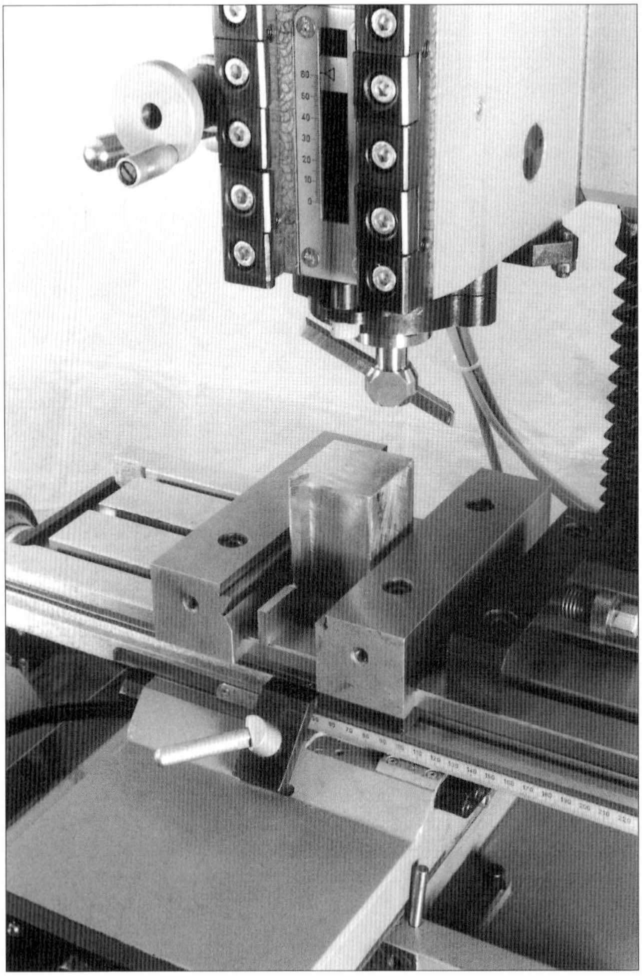

Bild 25: Gehäuse, rechtwinkliges Ausrichten mit Haarwinkel

stockbacken parallel liegenden Flächen des Materialabschnitts werden zwangsweise beim Spannen ausgerichtet. In der anderen Richtung muss der Materialabschnitt aber von Hand ausgerichtet werden. Am schnellsten geht dieses mit einem kleinen Winkel **(Bild 25)**. Ein Schenkel des Winkels wird auf einer geeigneten Fläche des Schraubstocks oder auf dem Maschinentisch aufgelegt. Die auszurichtende Fläche des Materialabschnitts wird dann bei nur leicht angezogener Klemmung des Schraubstocks durch leichte Schläge mit einem Kunststoff- oder Holzstück so weit gedreht, bis sie am anderen Schenkel des Winkels voll anliegt. Da nur eine sehr dünne Schicht Material weggefräst werden muss, kann man auch auf weniger steifen Maschinen einen recht großen Fräser bzw. einen Schlagzahn benutzen.

In der gleichen Aufspannung wird ein Kernloch von 8,5 mm Durchmesser für ein M10-Gewinde gebohrt und das Gewinde geschnitten. Nach dem Ausspannen wird auf der gegenüberliegenden Seite an der entsprechenden Stelle eine Zentrierbohrung gebohrt. Sofern diese gesägte Fläche einigermaßen eben und rechtwinklig zu den angrenzenden Flächen ist, braucht sie hierfür nicht bearbeitet zu werden.

Bild 26: Spannen mit Gewindestange; Spindelrückseite (Schutzabdeckung des Vorschubgetriebes beim Drehen wieder montieren!)

Die Position der Zentrierbohrung darf in der Höhe (Maß „23") max. 0,5 mm und zur Seite (Maß „25") max. 1,5 mm von der eingezeichneten Position abweichen. Es sollte also ausreichen, die Position anzureißen, zu körnen und dann zu bohren. Wer im Besitz eines Vierbackenfutters mit unabhängig voneinander verstellbaren Backen ist, kann auf das M10-Gewinde verzichten und den Materialabschnitt zum Drehen des Spannansatzes direkt im Futter einspannen. Vor dem Weiterarbeiten wird die beim fertigen Motor oben liegende Fläche gekennzeichnet (wasserunlöslicher Filzstift, siehe Bild 28: „O").

[2] Zum Spannen (ohne Vierbackenfutter) brauchen wir eine Planfläche von mindestens 60 mm Durchmesser. Dies kann entweder eine Planscheibe oder die Stirnfläche eines Dreibackenfutters (Backen entfernt) sein. Eine M10-Gewindestange, die etwas länger als die Maschinenspindel ist, wird durch die Maschinenspindel gesteckt und in das M10-Gewinde des Materialabschnitts geschraubt. Auf die andere Seite der Gewindestange – also auf der Rückseite der Maschinenspindel – wird eine Sechskantmutter mit Unterlegscheibe geschraubt **(Bild 26)**.

Bild 27: Spannen mit Gewindestange; Gehäuse beim Drehen des Spann-Ansatzes

Wenn die Spindelbohrung größer als ca. 14 mm ist, muss eine dicke U-Scheibe (ggf. selbst anfertigen) verwendet werden, damit die U-Scheibe beim Anziehen der Mutter nicht verformt wird. Zum Ausrichten des Materialabschnitts wird eine Zentrierspitze in die Reitstockpinole eingesetzt. Mit der Zentrierspitze in der Zentrierbohrung wird der Materialabschnitt an die Planscheibe angedrückt und so ausgerichtet. Dann wird die Sechskantmutter auf der Gewindespindel kräftig angezogen. Mit einem rechten Seitendrehmeißel mit 0° Spanwinkel wird der Spannansatz gedreht und die Stirnseite plangedreht **(Bild 27)**. Abschließend wird diese Seite noch mit einem M10-Gewinde versehen.

Auch wenn einige Maße keine Auswirkung auf die spätere Funktion haben, sollte man versuchen, die angegebenen Maße möglichst exakt einzuhalten. Die entstandenen Flächen und Kanten kann man dann nämlich ohne Rechenkunststücke als Bezug für die weitere Bearbeitung verwenden.

[3] Im nächsten Arbeitsschritt werden die noch unbearbeiteten Flächen des Werkstücks vorgefräst. Das Werkstück wird in einen Schraubstock gespannt (Bild 28).

Bild 28:
Gehäuse;
Vorfräsen der 1. Seite

Die Planfläche des Spannansatzes wird zum Ausrichten benutzt und liegt deshalb an der festen Backe an. Damit die Planfläche auch eindeutig die Ausrichtung bestimmt, also satt an der festen Backe anliegt, wird zwischen die lose Backe und das Werkstück ein Streifen festes dickes Papier (z.B. Zeichenkarton, ca. 300 g/m^2) gelegt. Mit welcher der vier Seiten angefangen wird, ist egal – man muss nur auf den korrekten Abstand zum Spannansatz achten. Ich habe mit einer der Seitenflächen angefangen. Dort soll der Abstand zum Spannansatz 5 mm betragen. Zunächst wird der vorhandene Abstand mit einem Messschieber (Tiefenmessstange!) gemessen. Von den Seitenflächen sind ca. 2 mm Material wegzufräsen. Abhängig von der verwendeten Maschine kann man auf verschiedene Weise vorgehen. Auf der *GOLmatic* habe ich mit einem Fräser Ø 40 mm **(Bild 28)** so viel Material weggefräst, dass noch 0,5 mm für das Fräsen mit einem Schlagzahn stehen blieb. Es ist aber auch möglich, nur einen Schlagzahn in mehreren Durchgängen zu benutzen.

Die Vorgehensweise, ein bestimmtes Maß zu erreichen, ist ähnlich der beim Drehen. Zuerst muss ein Bezug zwischen dem Fräser bzw. der entsprechenden Bewegungsachse der Maschine und dem Werkstück hergestellt werden. Dazu bewegt man den Fräsmaschinentisch so, dass sich der Fräser direkt über der zu fräsenden Fläche befindet. Bei eingeschalteter Spindel bewegt man den Fräser langsam auf das Werkstück zu (axial). Wenn die Stirnschneiden des Fräsers am Werkstück ankratzen, unterbricht man die Bewegung und stellt die Skala der zugehörigen Vorschubspindel auf Null. Der Fräser wird wieder etwas zurückgezogen und außerhalb der zu fräsenden Fläche positioniert. Dann wird der Fräser zugestellt – der Fräser wird wieder bis zur gerade ermittelten Bezugsposition und darüber hinaus um die geplante Schnitttiefe weiter in Richtung Werkstück bewegt. Die Schnitttiefe wird so gewählt, dass noch ca. 0,5 mm Aufmaß stehen bleibt. Bei der Auswahl des Fräsers muss man sich an den Möglichkeiten der Maschine orientieren. Wer das gesamte Material mit dem Schlagzahn wegfräsen möchte, sollte erst einmal mit einer Schnitttiefe von 0,5 mm beginnen. Abhängig vom Anschliff und Wirkdurchmesser des Schlagzahnes, der Maschine usw. sind auch größere Schnitttiefen möglich – Ausprobieren!

Noch dreht der Fräser aber in der Luft. Erst durch den Vorschub wird dem Fräser der zu zerspanende Werkstoff zugeführt. Um ein Gefühl für das Fräsen zu bekommen, ist es ratsam, den Vorschub zunächst von Hand zu erzeugen. Eine gleichmäßige Vorschubgeschwindigkeit erzielt man wie beim Drehen, indem sich beide Hände übergangslos beim Drehen der Vorschubkurbel ablösen. Die nicht benötigten Vorschubachsen sollte man zumindest dann klemmen, wenn größere Schnittkräfte (durch große Fräser, große Schnitttiefe usw.) zu erwarten sind. Der Fräser sollte ruhig ohne Rattern und Pfeifen arbeiten (vgl. Kap 6.4.). Nicht zu vermeiden sind aber die Eingriffsstöße der Fräserzähne beim Anschneiden.

Wenn die Fläche so weit gefräst ist, wird anstelle des Fräsers ein Schlagzahn eingespannt. Der Wirkdurchmesser des Schlagzahns wird durch Verschieben des Schneideinsatzes auf einen Durchmesser von ca. 65 mm eingestellt, so dass es möglich ist, die Fläche in einem Durchgang zu fräsen. Auch für diesen Arbeitsgang muss die Nullstellung (z-Achse) durch Ankratzen gefunden werden. Mit einer Zustellung von 0,2 mm wird die Fläche übergefräst. Dann wird der Abstand der Fläche zum Spannansatz (Sollmaß: 5) gemessen und der Fräser so weit zugestellt, dass mit dem nächsten Fräsdurchgang das Sollmaß erreicht wird. Wenn die Fräsmaschine einen automatischen Vorschub hat, kann man diesen verwenden (Zahnvorschub ca. 0,05 mm (→ Vorschub 0,05 mm/Umdrehung → Vorschubgeschwindigkeit 15 mm/min bei einer Drehzahl von 300 min^{-1}). Nach dem Ausspannen des Werkstücks werden die Kanten entgratet (keine Fasen!).

Als Nächstes wird die gegenüberliegende Seite gefräst. Beim Spannen im Schraubstock muss darauf geachtet werden, dass die soeben gefräste, nun unten liegende Seite satt auf der unteren Schraubstockfläche (hier: Führungsbahn der losen Backe) aufliegt.

Zum Fräsen der dritten Fläche wird das Werkstück so eingespannt, dass eine der schon gefrästen Flächen an der festen Backe des Schraubstocks anliegt. Damit ist die Rechtwinkligkeit zwischen den schon gefrästen Flächen und der in diesem Schritt zu fräsenden Fläche gewährleistet (im Rahmen der Schraubstockgenauigkeit). In der anderen Richtung muss das Werkstück noch an der Stirnfläche des Spannansatzes senkrecht zum Fräsmaschinentisch ausgerichtet werden.

Wenn alle vier Flächen bearbeitet sind, kontrolliert man die Rechtwinkligkeit der Flächen mit einem Haarwinkel. Geringe Abweichungen von der Rechtwinkligkeit

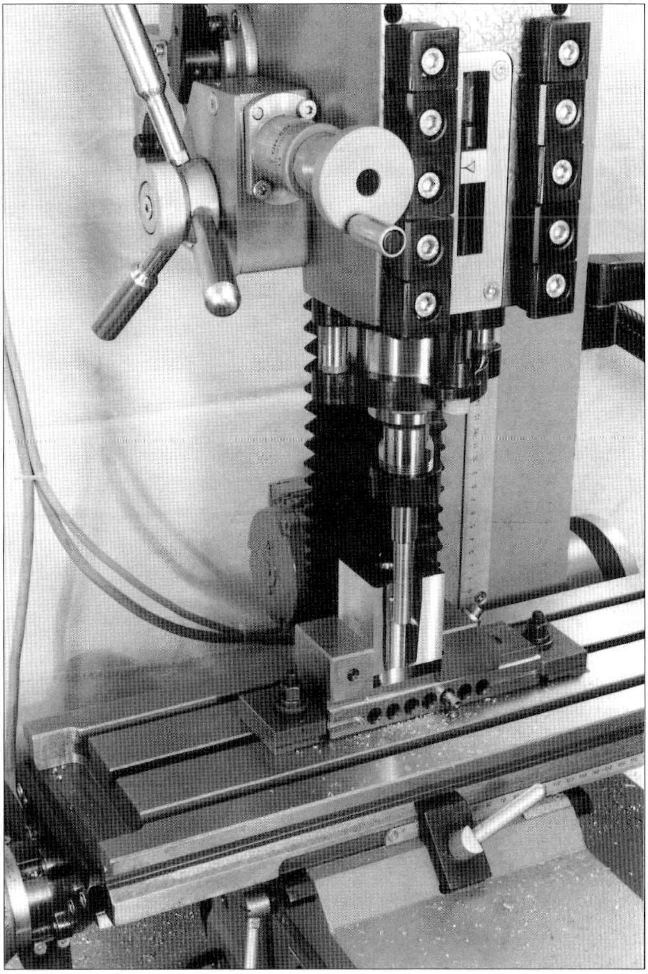

Bild 29: Gehäuse; Radius an der Lagerkonsole

kann man tolerieren, man kann schließlich noch Abweichungen von ca. 0,002 mm sehen. Zu viel Licht sollte allerdings nicht zu sehen sein.

[4] Bei diesem Arbeitsschritt wird der Radiusübergang für die Lagerkonsolen gefräst. Das geschieht in mehreren Schnitten mit einer Bohrstange, deren Schneideinsatz auf einen Bearbeitungsdurchmesser von 20 mm (=R10) eingestellt wurde **(Bild 29)**. Dabei ist es nicht wichtig, dass der Radius exakt eingehalten wird, er sollte nur nicht zu groß sein.

[5] Vor dem Fräsen werden alle Konturen sowie die Mitte der soeben gefrästen radiusförmigen Nut angerissen. Bis auf die Montagefläche für den Arbeitszylinder und die Lagerkonsole muss eine 3 mm starke Schicht von der Seitenfläche abgefräst werden. Der in Schritt **[4]** gefräste Radius muss ohne Kante auf der entstehenden neuen Fläche auslaufen. Im ersten Schritt wird 2,5 mm tief gefräst, wobei alle Konturen (Montagefläche des Arbeitszylinders, seitliche Kanten der Konsole) ca. 0,5 mm Aufmaß behalten. Dann wird die endgültige Zustelltiefe ermittelt. Dazu wird der Fräser so über dem Radius aus Schritt **[4]** positioniert, dass er mit dem Außendurchmesser bündig zur angerissenen Linie (Mitte des Radius) steht. Der Fräser wird in kleinen Schritten (axial) zugestellt und dann längs des Radius verfahren. Das geschieht mit immer kleinerer Zustelltiefe, bis der Radius an der Konsole ohne Kante auf der neu gefrästen Fläche ausläuft. Mit dieser Höheneinstellung des Fräsers werden dann die gesamte Fläche sowie die Konturen fertig gefräst. Wer Wert auf eine gute Optik legt, kann die Schneidenecken des verwendeten Fräsers mit Radien versehen. Dies geschieht wie beim Drehmeißel durch Anschleifen mit einer Schleiffeile (siehe Abb. 6). Es wird nicht gelingen, alle Schneidenecken mit exakt dem gleichen Radius zu versehen. Das ist aber nicht schlimm, da der kleinste Eckenradius den beim Fräsen entstehenden Radius bestimmt.

Wenn kein langer Fräser Ø 4 mm zum Fräsen der Übergangsradien R2 von der Konsole zur Seitenwand (Schritt **[8]**) zur Verfügung steht, können die Konsolenmaße (31 mm und 5,5 mm, siehe **[8]**) auch in dieser Aufspannung gefräst werden. Der Übergangsradius R2 entfällt dann bzw. ist kleiner.

[6] Die Bearbeitung entspricht bis auf die hier fehlende Montagefläche der Bearbeitung in Schritt **[5]**.

[7] Fräsen des Kühlwasserbehälters. Dies ist der erste Arbeitsgang am Gehäuse, bei dem der tote Gang der beiden Bewegungsachsen des Fräsmaschinentisches bekannt sein sollte (Kap. 1.1.3.). Mit einem Fräser Ø 6 mm werden zuerst zwei 6 mm breite und 35 mm lange Nuten gefräst. Die Tiefe von 12,5 wird schrittweise (Zustellung ca. 2 mm) gefräst. Mit zunehmender Nuttiefe bleiben immer mehr Späne in der Nut und gelangen dadurch zwischen die Fräserschneiden und die Nutwand. Das reduziert die Lebensdauer des Fräsers und ergibt unsaubere Nutflanken. Die Späne müssen also aus der Nut befördert werden. Bei Werkstoffen, die trocken gefräst werden können bzw. müssen (z.B. Ms58, Grauguss), kann man die Späne mit einem Staubsauger absaugen, wenn man mit der Staubsaugerdüse nahe genug an die Zerspanstelle herankommt. Wenn das nicht gelingt, kann man die Späne auch aus der Nut blasen. Dazu reicht ein sehr geringer Druck (ca. 0,3 bar) bei einem Düsendurchmesser von 2 mm – die Späne sollen schließlich nur aus der Nut befördert werden, nicht aber in eine erdnahe Umlaufbahn ... Man muss dabei aber aufpassen, dass die Späne niemanden verletzen und auch nicht in die Führungen und Lager der Maschine geblasen werden. Das Tragen einer Schutzbrille sollte sowieso selbstverständlich sein.

Die Skalenwerte der x- und y-Achsen in den Endpositionen der Nuten sollte man sich merken oder besser aufschreiben, damit man beim Fertigstellen der Ausfräsung nicht zu weit fräst.

Nach dem Fertigstellen der Nuten wird der Bereich zwischen den Nuten fertig gefräst. Zur Vereinfachung kann man zunächst quer liegende Nuten fräsen.

[8] Zuerst wird die Vertiefung für den Deckel (16) mit einem Fräser Ø 6 mm gefräst. Die Übergangsradien R2 von der Konsole zur Seitenwand werden mit einem langen Fräser Ø 4 mm gefräst. Damit zu sehen ist, wenn der Fräser die Seitenwand berührt, wird diese geschwärzt.

[9] Die Fläche zwischen den Montageflächen für die Stehlager (3) wird gefräst.

[10] Die nächsten Bearbeitungsschritte erfolgen auf der Drehmaschine. In das M10-Gewinde auf der Seite des Spannansatzes wird eine Gewindestange 10 mm tief eingeschraubt. Mit einer Sechskantmutter M10 wird das Gewinde gekontert. Der Spannansatz wird ins Dreibackenfutter gespannt und auf der Rückseite der Maschinenspindel eine Sechskantmutter mit Unterlegscheibe auf die Gewindestange geschraubt (siehe Schritt **[2]**) und kräftig angezogen. Diese zusätzliche Maßnahme erhöht die Sicherheit der Spannung enorm.

Vor dem Innendrehen wird zuerst vorgebohrt. Abhängig von der Maschine geschieht dies so groß wie möglich, maximal aber bis auf einen Durchmesser von ca. 17 mm. Wenn man die Bohrung in mehreren Stufen aufbohren möchte, muss man berücksichtigen, dass Ms58 sehr spröde ist. Nur wenn die Reitstockpinole praktisch keinen toten Gang aufweist, kann man mit Bohrern von Typ N ein vorgebohrtes Loch einigermaßen sicher aufbohren. Schon bei etwas Spiel in axialer Richtung wird sich der Bohrer ins Material ziehen. Abhilfe schafft da nur ein Anschliff mit 0°-Spanflächenfase (siehe „Besseres Drehen und Fräsen“, Kap. 4.11) oder ein Bohrer vom Typ H.

Da auf der zu bearbeitenden Seite schon ein Gewinde M10 vorhanden ist, kann man aber die Kernbohrung (Ø 8,5) problemlos tiefer bohren. Das grobe Ausdrehen bis auf einen Durchmesser von 17 mm geht mit einem aus einem runden HSS-Drehling geschliffenen Innendrehmeißel (Abb. 12, Spanwinkel 0°/Bild 1; rechts) recht schnell. Durch die zusätzliche Spannung mit der Gewindestange braucht man auch bei einer relativ großen Schnitttiefe keine Angst zu haben, dass das Werkstück aus dem Futter gerissen wird. Für das Drehen auf Maß (Ø 18) habe ich eine Bohrstange mit Spitzschlichteinsatz gemäß Abb. 11 verwendet (Drehzahl 490 min^{-1}). Der Spanwinkel ist eigentlich für die Bearbeitung von Ms58 zu groß, hat aber den großen Vorteil, dass die Bohrstange trotz der großen auskragenden Länge sehr ruhig arbeitet und hervorragende Oberflächen erzeugt. Auch bei geringsten Schnitttiefen (0,01 mm) arbeitet die Schneide noch, ohne sich wegzudrücken. Eine maximale Schnitttiefe von ca. 0,3 mm sollte nicht überschritten werden.

[11] (Bild 30) In die Ausdrehung mit Ø 24 muss sich der entsprechende Durchmesser des Kühlrohrs (13) leicht einschieben lassen. Der Durchmesser der Ausdrehung sollte aber nicht mehr als 0,1 (...0,2) größer sein, als der entsprechende Durchmesser des Kühlrohrs.

[12] Auch in diese Ausdrehung muss sich der entsprechende Durchmesser des Kühlrohrs leicht einschieben lassen.

[13] Der Einstich für den O-Ring 25 × 1,5 wird mit einer Bohrstange mit HSS-Schneideinsatz gemäß Bild 30 (vorne auf dem Planschlitten) gedreht. Für das Drehen der O-Ring-Nut muss der Schneideinsatz allerdings nur ca. 2 mm aus der Bohrstange hervorstehen. Der Nutdurchmesser ist nur mit speziellen Messgeräten zu messen. Deshalb wird der Bohrungsdurchmesser Ø 25 als Bezug (ankratzen!) genommen und die Nuttiefe nur nach Skala (Planschlitten) gedreht. Durch die Breite des Schneideinsatzes von 2 mm kann es passieren, dass die Bohrstange ins Rattern gerät und der Nutgrund eine unzureichende Oberfläche bekommt. Ein Reduzieren der Drehzahl bringt meistens Abhilfe. Wenn auch das nicht hilft, kann man das letzte Zehntel auch zerspanen, indem man das Futter von Hand dreht. Der Vorschub geschieht schrittweise um wenige Hundertstel während das Futter gedreht wird. Zwischen den Zustellschritten wird das Futter so lange gedreht, bis die Schneide keinen Span mehr abtrennt.

Der Kühlwasserbereich wird mit der gleichen Bohrstange gedreht. Der Schneideinsatz muss hierfür ca. 6,5 mm aus der Bohrstange hervorstehen. Der Kühlwasserbereich wird zuerst mit ca. 0,5 mm Aufmaß vorgedreht. Das geschieht durch schrittweises Einstechen. Dann werden die beiden Planflächen bis auf den end-

Bild 30: Gehäuse; Ausdrehen der Bohrung

gültigen Durchmesser Ø 37 geschlichtet. Der Durchmesser Ø 37 wird bei einer Schnitttiefe von max. 0,2 mm durch Längsdrehen geschlichtet. Dabei gerät die Bohrstange nicht so schnell ins Rattern. Der Schneideinsatz schneidet nämlich mit der seitlichen Schneide (Nebenschneide beim Einstechen) und wird etwas seitlich weggebogen (nicht sichtbar), so dass die 2 mm breite Einstechschneide (Nebenschneide für diesen Drehvorgang) nur noch in einem kleinen Bereich nahe der Schneidenecke die soeben gedrehte Werkstückoberfläche berührt.

[14] Die Einführschräge für den O-Ring 21 × 1,5 wird gedreht. Um eine gute Oberflächenqualität zu erreichen, wird die Schräge mit dem um 20° geschwenkten Oberschlitten gedreht. Die Schneide der Bohrstange wird zunächst so in die Nähe der Werkstückkante gebracht, dass die Skala für den Längsvorschub (Bettschlitten bei der Drehmaschine) auf Null steht. Der Planschlitten wird dann so eingestellt, dass sich die Schneide beim Bewegen des Oberschlittens gerade noch an der Werkstückkante vorbeibewegt. Im vorliegenden Fall ist dies durch die in Schritt **[7]** ausgefräste Öffnung recht gut zu sehen (Werkstück dreht nicht). Die Zustellung erfolgt schritt-

Bild 31: Gehäuse; Fräsen der Grundfläche mit Schlagzahn

weise mit dem Bettschlitten, bis die Länge der Einführschräge von 1,1 mm erreicht ist. Der Vorschub geschieht ausschließlich mit dem Oberschlitten.

[15] Im letzten Arbeitsgang auf der Drehmaschine wird die Tiefe der Ausdrehung Ø 24 aus Schritt **[11]** an die Länge des Kühlrohrs angepasst. Damit der O-Ring 21 × 1,5, der vorne auf dem Kühlrohr sitzt, beim Betrieb des Motors auf keinen Fall mit der heißen Luft im Inneren des Motors in Berührung kommt, muss die Stirnseite des Kühlrohres (Ø 18 → Ø 21,8) ohne Spalt an der zugehörigen Planfläche im Inneren des Motors anliegen. Da es schwierig ist, die Längen so genau abzustimmen, dass auch der Flansch des Kühlrohrs an der Stirnseite des Gehäuses anliegt, wird das Gehäuse stirnseitig so weit gekürzt (ca. 1 mm), dass sich zwischen dem Flansch des Kühlrohrs und der Stirnseite des Gehäuses ein Spalt von max. 0,1 mm ergibt. Abschließend wird noch der Außendurchmesser der Planfläche (Ø 39) gedreht.

[16] Die Bohrung für den Luftkanal wird gebohrt und der Stopfen (1 a) mit ca. 0,03 mm Übermaß gegenüber der Bohrung gedreht. Dann wird der Stopfen mit einem

Bild 32: Gehäuse; Gewindeschneiden M3

Schraubstock in die Bohrung eingepresst. Falls der Schraubstock keine glatten Backen hat, muss zwischen die Backen und das Gehäuse ein ebenes Metallstück gelegt werden.

[17] Der Gehäuseboden wird auf Maß gefräst **(Bild 31).** Danach ist der eingepresste Stopfen kaum noch zu sehen.

[18] Die Montageflächen für die Stehlager und den Arbeitszylinder werden auf Maß gefräst (Schlagzahn). Damit die beiden Montageflächen für die Stehlager exakt in einer Ebene liegen, wird der Schlagzahn auf einen Durchmesser eingestellt, der es ermöglicht, beide Flächen in einem Durchgang zu fräsen.

Bis auf die Gehäuseseite mit dem Spannansatz werden alle Gehäuseseiten mit den vorgesehenen Gewinden versehen **(Bild 32)**. Die Bohrungen auf der Stirnseite des Gehäuses werden auf dem Rundtisch gebohrt. Da der Fräskopf nicht so hoch gefahren werden kann, dass für den Aufbau aus Rundtisch, Dreibackenfutter, Gehäuse und Bohrfutter mit Bohrer genug Platz ist, wurde der Fräskopf in die hori-

Bild 33: Gehäuse; horizontales Ausrichten auf Rundtisch

zontale Lage geschwenkt. Die 6 Bohrungen können mit der Direktteil-Funktion des Rundtisches gebohrt werden. Dazu wird die Schnecke des Rundtisch-Getriebes aus dem Eingriff geschwenkt und der Indexstift in die Indexbohrung bei 0° eingerastet. Das Gehäuse wird bei leicht angezogenem Dreibackenfutter so ausgerichtet, dass die Oberseite des Gehäuses parallel zum Fräsmaschinentisch steht **(Bild 33)**. Mit etwas fester angezogenem Futter wird der Rundlauf überprüft (Rundtisch drehen; Fühlhebelmessuhr in Bohrung Ø 25) und ggf. korrigiert. Der Bezugspunkt für die auf dem Teilkreis Ø 32 angeordneten Gewinde ist die Mitte der Gehäusebohrung. Zum groben Anfahren dieser Position nach Auge kann das Gehäuse des Bohrfutters oder ein darin gespanntes Werkzeug mit einem Durchmesser von ca. 25 mm verwendet werden. Das exakte Anfahren dieser Position geschieht mit einer Fühlhebelmessuhr im Bohrfutter (siehe Kap. 3.8.2.2.). Da der Tastarm meiner Fühlhebelmessuhr für ein direktes Tasten in der Bohrung Ø 25 mm zu kurz ist, habe ich das Kühlrohr ins Gehäuse gesteckt und die Bohrung Ø 20 mm des Kühlrohrs zum Ausrichten verwendet. Wenn die Position gefunden ist, die Spindelachse also mit der Achse der Gehäusebohrung übereinstimmt, wird der Fräskopf um 16 mm (0,5 × Teilkreisdurchmesser) nach oben gefahren. Dann werden die Kernlöcher und die Gewinde gebohrt.

Wer keinen Rundtisch hat, kann die Kernlöcher auch entsprechend den auf Blatt 2 des Plans zusätzlich angegebenen Koordinaten bohren. Möglich ist auch, das Kühlrohr mit gebohrtem Flansch als Bohrschablone zu verwenden. Dazu wird das Bohrbild im Flansch des Kühlrohrs so gut wie möglich zum Gehäuse ausgerichtet. Mit einer langen M10-Schraube und einer U-Scheibe von ca. 25 mm Durchmesser wird das Kühlrohr fest gegen den Anschlag im Gehäuse gezogen (M10-Gewinde im Spannansatz verwenden!). Dann wird mit einem Bohrer Ø 3,3 mm durch alle

Bild 34: Gehäuse; Spannen mit Spannscheibe und Gewindestange

Bohrungen des Kühlrohrs ca. 0,5 mm tief ins Gehäuse gebohrt. Die so entstandenen Zentrierungen verwendet man nach Entfernen des Kühlrohrs zum Bohren der Kernlöcher.

[19] Das Gehäuse wird mit Hilfe einer Spannscheibe (siehe Skizze in **[19]**) und einer Gewindestange wie schon bei Schritt **[2]** vor eine Planscheibe gespannt (**Bild 34**, Zustand nach dem Plandrehen). Dann wird der Spannansatz abgestochen und die Stirnseite des Gehäuses plangedreht. Danach wird das Gehäuse auf die gleiche Weise entweder direkt auf dem Rundtisch oder auf der Stirnseite des Dreibackenfutters (Backen entfernt) gespannt. Bei einem kleinen Dreibackenfutter könnte man das Gehäuse auch mit den Backen in der Bohrung spannen. Allerdings muss damit gerechnet werden, dass die Futterbacken Abdrücke in der Bohrung hinterlassen.

Das Gehäuse ist auf der Spannebene sowohl verschieb- als auch drehbar, so dass das gleichzeitige Ausrichten hinsichtlich Rundlauf und horizontaler Lage zu aufwändig ist. Die Winkelstellung des Gehäuses wird deshalb bei leicht angezogener

Bild 35: Gehäuse; Rundfräsen

Spannung und Nullstellung des Rundtisches nur nach Auge oder mit Hilfe eines Winkels (Tischfläche – Seitenfläche des Gehäuses) ausgerichtet. Der Rundlaufgenauigkeit hingegen wird mehr Beachtung geschenkt. Da die 5 Gewinde für die Verschraubung des Lagerdeckels (7) auf dieser Gehäuseseite ein indirektes Teilen erfordern, wird die Schnecke des Rundtisches in Eingriff mit dem Schneckenrad gebracht. Die exakte horizontale Ausrichtung des Gehäuses geschieht durch Drehen des Rundtisches (Kontrolle mit Messuhr wie in Bild 33). Nach erfolgter Ausrichtung wird die Skala an der Kurbel des Rundtisches auf Null gestellt.

Dann wird die Mitte der Gehäusebohrung als Bezugspunkt angefahren, und die entsprechenden Skalen auf Null gestellt. Falls die Maschine Maßstäbe an den Achsen hat, sollte man sich die Position des Bezugspunkts notieren. Fehlen die Maßstäbe, kann man die Position auch an geeigneter Stelle markieren (Klebeband oder Magnetstreifen aus alter Kühlschranktür).

Zunächst werden die beiden Gewinde für den Lagerbock (2) gebohrt und dann die 5 Gewinde auf dem Teilkreis. Das Tiefersetzen der Fläche um die Montagefläche herum **(Bild 35)** dient nur der Verbesserung der Optik und kann auch weggelassen werden. Vor dem Rundfräsen sollte man die Endpositionen des Fräsers durch eine angerissene Linie (siehe **[19]**) markieren. Dadurch braucht man die Kurbelumdrehungen nicht zu zählen, sondern kann den Rundtisch drehen, bis der Fräser kurz vor der Markierung steht. Zum Erreichen der genauen Position fehlt dann keine ganze Kurbelumdrehung mehr, so dass man sich nach der Skala der Kurbel richten kann. Wenn die rundgefräste Nut fertig ist, wird die Kontur der Montagefläche für den Lagerbock (2) gefräst und die übrige Fläche tiefergesetzt.

Bild 36:
Gehäuse; Fräsen der Aussparungen für Befestigungsbolzen

Die letzten Arbeiten betreffen das Ausfräsen der Aussparungen für die „Fundamentschrauben" **(Bild 36)** sowie das Verrunden der Kanten. Dabei ist zu beachten, dass die an die Montageflächen angrenzenden Kanten nicht verrundet werden.

7.3. Stehlager (3)

Für das Stehlager werden zwei 32 mm lange Abschnitte von einem blanken Flachstahl 20 × 6-St37K benötigt. Die Abschnitte werden entgratet, indem mit einer Flachfeile flach über die Halbzeugflächen (nicht die gesägten Flächen) gefeilt wird. Dann werden die beiden Abschnitte mit Azeton entfettet und mit Sekundenkleber zusammengeklebt. Das nunmehr 12 mm starke „Paket" wird so in den Schraubstock gespannt, dass die großen Flächen (20 × 32) an den Schraubstockbacken anliegen und eine Sägefläche oben liegt. Durch Stirnfräsen wird nun die Sägefläche sauber gefräst (bis alle Sägespuren verschwunden sind). Nach dem Entgraten der neu entstandenen Kanten wird das Paket um 180° gedreht. Zum Ausrichten wird die soeben gefräste Fläche je nach Backenhöhe entweder direkt oder mit

Bild 37: Stehlager; Fräsen der Montagefläche

zwischengelegten Parallelleisten auf die Führungsbahn der Schraubstockbacken gelegt. Nach dem Spannen wird die nun oben liegende zweite Sägefläche so weit abgefräst, dass das Paket 30 mm hoch ist. Für den nächsten Arbeitsgang ist das Paket auf den gefrästen Flächen zu spannen, so dass die Fläche 30 × 20 oben liegt. Die horizontale Ausrichtung erfolgt entweder mit Parallelleisten oder durch bündiges Ausrichten der Oberfläche mit den Schraubstockbacken (nur falls der Schraubstock genau genug ist). Eine der Seitenflächen (30 × 12) muss etwas seitlich überstehen (siehe dazu Kap. 4.3.). Nun wird diese seitliche Fläche durch Umfangsfräsen sauber gefräst **(Bild 37).** In der gleichen Aufspannung wird die Bohrung für das Lager zentriert, mit Ø 5,8 gebohrt und mit einer Reibahle Ø 6 H7 gerieben oder mit einem Spiralbohrer Ø 6 aufgebohrt. Die Klebeflächen werden mit einer Reißnadel gekennzeichnet, so dass diese auch nach dem Trennen der Werkstücke noch zu identifizieren sind (siehe **[1]**). Bei den weiteren Arbeitsgängen muss darauf geachtet werden, dass die beiden Stehlager so gefertigt werden, dass sich die Klebeflächen bei der Montage auf dem Motor gegenüberstehen. Wenn

Bild 38: Stehlager; Fräsen der Außenkontur auf Rundtisch

dann auch die Montagefläche des Gehäuses (1) eben ist, ist ein exaktes Fluchten der beiden Lager kein Problem.

Die beiden Teile werden getrennt. Das geht am schnellsten, indem man eine Messerklinge an einer Ecke der zusammengeklebten Werkstücke in der Trennebene ansetzt und dann mit einem kleinen Hammer einen leichten Schlag auf den Messerrücken gibt. Da die Werkstückecke darunter etwas leidet, sollte dies an einer Ecke geschehen, die bei den nächsten Arbeitsschritten weggefräst wird. Die Kleberrückstände lassen sich meistens schon mit der Kante eines eckigen Drehlings wegschaben. Ebenso gut kann man das Werkstück auch mit der Klebefläche auf einer breiten Flachfeile hin- und herbewegen. Druck wird dabei nur in der üblichen Feilrichtung auf das Werkstück ausgeübt.

Für die übrige Fräsbearbeitung benötigt man eine einfache Spannvorrichtung (Plan Seite 2/**Bild 38**). Das Maß „14,6“ sollte möglichst exakt zur entsprechenden Lagerhöhe des Stehlagers passen. Vor dem Fräsen der Stehlager wird die Anlagekante der Spannvorrichtung im Dreibackenfutter des Rundtisches parallel zu einer der Bewegungsrichtungen des Fräsmaschinentisches ausgerichtet.

Bild 39: Stehlager und Lagerbock direkt nach Fräsen, Stehlager mit gerundeten Kanten und sandgestrahlter Oberfläche

Für das Fräsen der Aussparung (Schritte **[7] – [14]**) wird ein Fräser Ø 3 mm verwendet. Damit das Stehlager die Optik eines Gusstelis erhält, werden die Schneidenecken des Fräsers mit einem Radius von 0,5 mm versehen. Dieses geschieht wie beim Drehmeißel durch Anschleifen mit einer Schleiffeile (siehe Abb. 6).

Nach der Fräsbearbeitung werden alle Kanten, die bei einem Gussteil nicht bearbeitet würden, leicht verrundet. Das kann sowohl mit Hilfe von Nadelfeilen und Schleifpapier als auch mit einem Fräsmotor (Bild 19) und Frässtiften geschehen. Nicht verrundet werden alle Kanten derjenigen Flächen, die man bei einem Gussteil bearbeiten würde:

- die Montagefläche
- alle Bohrungskanten
- die 0,7 mm erhöhte axiale Anlauffläche
  im Bereich der Lagerbohrung (siehe **[15]**)

Auf **Bild 39** ist neben dem noch nicht verrundeten Lagerbock (2) ein Stehlager direkt nach der Fräsbearbeitung sowie ein Stehlager mit verrundeten Kanten zu sehen. Bei dem fertig bearbeiteten Stehlager wurden die Flächen, die bei einem Gussteil nicht bearbeitet werden würden, sandgestrahlt und so eine einem Gussteil ähnliche Oberflächenstruktur erzeugt (siehe Kap. 7.22.2.).

7.4. Lagerbock (2)

Der Lagerbock wird aus blankem Flachstahl 20 × 8–St37K gefertigt **(Abb. 25)**. Für die Schritte **[1]** und **[2]** wird ein Fräser Ø 3 mm verwendet. Die Bearbeitungsschritte **[3]**, **[5]** und **[8]** erfordern einen Fräser von 5 mm oder 4 mm Durchmesser mit

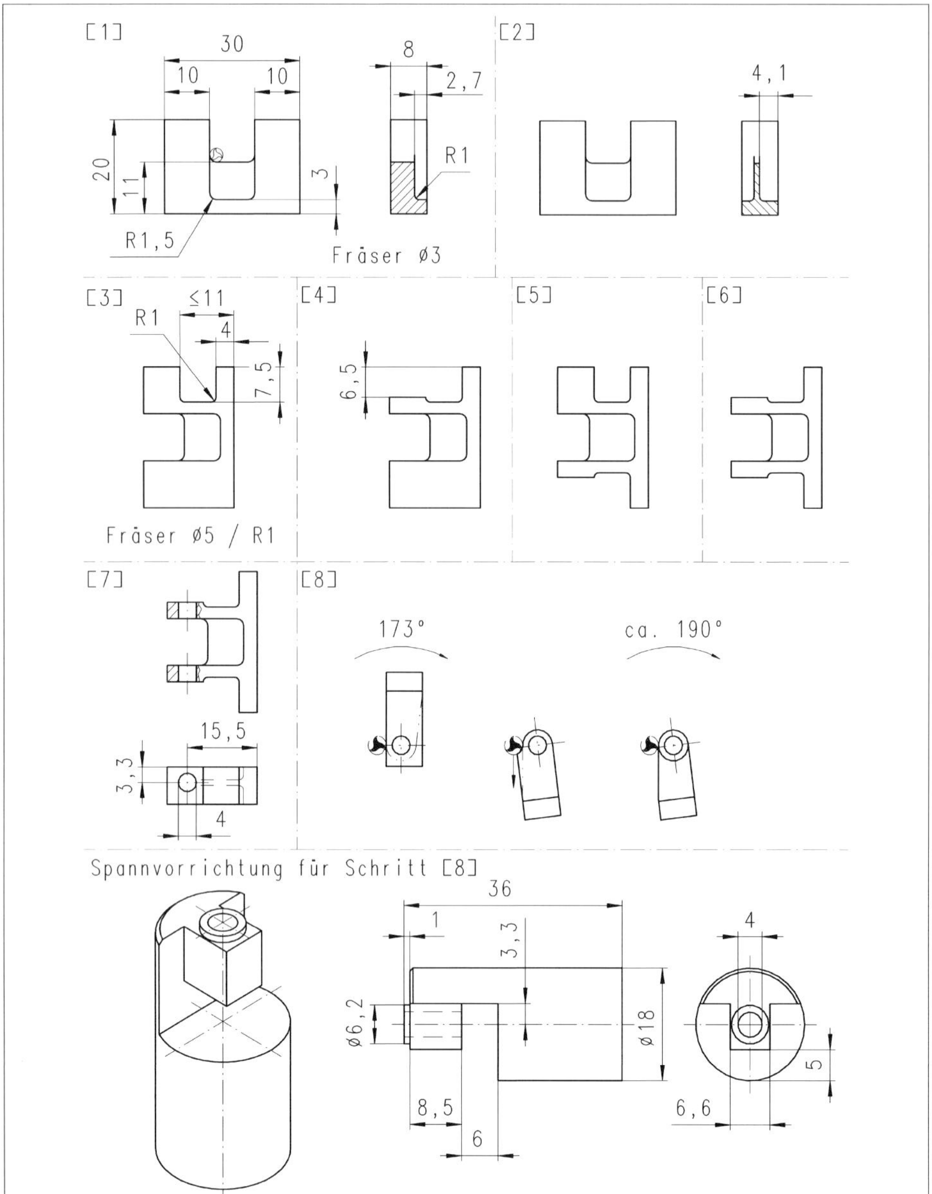

Abb. 25: Bearbeitungsreihenfolge, Lagerbock (2)

einem Eckenradius von ca. R1. Das Bohren der Lagerbohrung in Schritt **[7]** erfolgt von einer Seite. Wenn die erste Bohrung gebohrt ist, gibt sie dem Bohrer eine ausreichende Führung zum fluchtenden Bohren der zweiten Bohrung. Voraussetzung ist selbstverständlich ein korrekt, insbesondere aber symmetrisch angeschliffener Bohrer. Bearbeitungsschritt **[8]** erfordert eine Spannvorrichtung. Der Lagerbock wird mit einem 4-mm-Stift gehalten und mit einer kleinen Parallelschraubzwinge festgespannt **(Bild 40)**.

Bild 40:
Lagerbock; Rundfräsen

Es kann passieren, dass die Montagefläche nach dem Bearbeiten nicht mehr eben, sondern leicht hohl ist. Damit die Montagefläche wieder eben wird, kann man den Lagerbock auf einer breiten Flachfeile hin- und herbewegen. Dabei wird nur in der üblichen Feilrichtung leichter Druck auf das Werkstück ausgeübt.

7.5. Umlenkhebel (4)

Der Umlenkhebel wird aus blankem Flachstahl 20 × 8–St37K gefertigt. Zunächst werden die Außenmaße (43,2 × 16,6) gefräst. Die in Schritt **[1]** und **[2]** zu fräsenden Konturen werden zur Kontrolle angerissen und dann gefräst. Gespannt wird das Werkstück im Schraubstock. Die beiden Nuten in der Werkstückmitte werden mit einem Fräser Ø 4 mm mit gerundeten Schneidenecken (ca. R1) gefräst. Beim Fräsen der Nuten darf der Fräser in der Tiefe nur in kleinen Schritten (0,5...1 mm) zugestellt werden. Für das Fräsen der 45°-Schräge kann das Werkstück mit einem drehbaren Schraubstock (vgl. Bild 79) oder mit Hilfe von Spanneisen auf den Fräsmaschinentisch gespannt werden. Damit der Tisch beim Fräsen nicht beschädigt

Bild 41: Umlenkhebel; Ausrichten auf 45°

wird, muss eine Unterlage (z.B. Al-Platte) verwendet werden. Die 45°-Ausrichtung kann beispielsweise mit einem Winkelmesser erfolgen **(Bild 41)**. Die von den vorangegangenen Bearbeitungsschritten vorhandenen R2-Radien im Bereich der zu fräsenden Schrägen werden geschwärzt. Beim Schlichten wird der Fräser dann bei voller Schnitttiefe (= Werkstückhöhe = 8 mm) in kleinen Schritten in der x- bzw. y-Achse zugestellt, bis er im Bereich des Radius die Farbe gerade eben wegfräst.

Nach dem Bohren **[5]** wird der konische Bereich des Hebels gefräst. Dazu benötigen wir eine einfache Spannvorrichtung. Als Werkstoff kann eine Al-Legierung, Messing oder Stahl verwendet werden. Damit das Ausrichten auf den 5°-Winkel nur einmal erfolgen muss, wird der Winkel in der Spannvorrichtung realisiert. Das Ausrichten auf den 5°-Winkel beim Fräsen der Spannvorrichtung kann mit einem Winkelmesser oder gemäß **Bild 42** mit einer Messuhr erfolgen. Wenn das Ausrichten mit der Messuhr erfolgt, muss sich der Messwert um 1,75 mm ändern, wenn der Fräsmaschinentisch um 20 mm in Richtung der Schräge bewegt wird. Da der Winkel nur eine optische Funktion hat, braucht man ihn nicht zu genau einstellen. Die 3 mm breite

Bild 42:
Spannvorrichtung für Umlenkhebel; Ausrichten auf 5° mit Messuhr

Nut wird zum Ausrichten des Umlenkhebels durch einen 3-mm-Stift in der mittleren Bohrung verwendet. Der Vorteil der Spannvorrichtung besteht darin, dass alle vier Schrägen exakt gleich ausfallen. Es ist problemlos möglich, erst alle vier Seiten vorzuschruppen **(Bild 43)** und dann zu schlichten. Dass die Spannvorrichtung zum Wechseln der Werkstücke nicht ausgespannt wird, dürfte selbstverständlich sein.

Nach dem Spannen des Umlenkhebels muss zuerst die mittlere Bohrung des Umlenkhebels als Nullpunkt für die Bearbeitung angefahren werden. Da die Genauigkeitsansprüche im vorliegenden Fall nicht besonders hoch sind, kann das in Kap. 3.8.2.1. beschriebene Verfahren angewendet werden.

Die Enden des Umlenkhebels werden auf 5 mm Stärke abgefräst **(Bild 44)**. Als Bezug für die Zustellung des Fräsers können die für das Feilen der Radien benötigten Rollen dienen. Diese Rollen entsprechen in ihrem Außendurchmesser dem zu feilenden Radius und werden auf einen Stift in der zugehörigen Bohrung des Umlenkhebels gesteckt. Beim Feilen der Radien dienen sie als Begrenzung für die Feile **(Bild 45)**.

Bild 43: Umlenkhebel; Schruppfräsen der 5°-Schrägen

In Schritt **[9]** wird der Lagerbereich bearbeitet. Bis auf eine Breite von ca. 9,2 mm wird das Material weggefräst. Die endgültige Bearbeitung der Stirnfläche erfolgt auf der Drehmaschine. Der Umlenkhebel wird gemäß **Bild 46** eingespannt. Der Hebel ist auf einem 3-mm-Stift gelagert und wird durch zwei Gewindestifte mit untergelegtem Al-Plättchen gespannt. Das Plandrehen der Stirnseite ist problemlos. Das Runddrehen des Bundes erfordert etwas Fingerspitzengefühl, da die Werkstückspannung nicht sehr starr ist.
Abschließend werden die Kanten wie schon beim Stehlager verrundet.

7.6. Schwungrad (5)

7.6.1. Drehen des Grundkörpers

Als Werkstoff ist Grauguss (Abschnitt Ø 70 × 12 ; Strangguss GG25) vorgesehen. Vorteilhaft ist der geringe Preis, die gute Zerspanbarkeit und die vorbildgetreue Optik, wenn Teile des Schwungrads unlackiert bleiben. Nachteilig ist die verschleißende Wirkung auf zerspanende Werkzeuge, die jedoch bei den kleinen zu zerspanen-

Bild 44: Umlenkhebel, Fräsen der Enden

den Materialmengen keine allzu große Bedeutung hat. Die Zerspanung geschieht trocken. Damit sich die Späne nicht auf den Führungsbahnen der Maschine absetzen, sollten diese im Bereich des Spänefalls soweit wie möglich abgedeckt werden. Noch besser ist es, die Späne gleich in der Nähe des Werkzeugs abzusaugen.

Die gesägte Graugussscheibe wird in das Dreibackenfutter mit nach innen abgestuften Backen (Drehbacken) gespannt. Dann wird die Planseite der Scheibe sauber gedreht **(Bild 47)**. Die Schnittgeschwindigkeit für Grauguss sollte bei Verwendung eines HSS-Drehmeißels etwa 10...30 m/min betragen. Bezogen auf den Außendurchmesser des Werkstücks entspricht das einer Drehzahl von 45...136 min^{-1}. Zum Innendurchmesser hin kann die Drehzahl entsprechend höher sein. Ein Spanwinkel von ca. 8° ist empfehlenswert. Allerdings bereitet auch ein Spanwinkel von 0° keine Probleme.

[1] Für das Vordrehen des Bereichs für die Speichen ist ein Drehmeißel erforderlich, der sowohl axial einstechen als auch radial drehen kann. Da bei einem solchen Drehmeißel ein positiver Spanwinkel für beide Drehrichtungen nicht mehr von Hand

*Bild 45:
Umlenkhebel;
Feilen der Radien*

geschliffen werden kann, wird ein Spanwinkel von 0° verwendet **(Abb. 26)**. Mit diesem Drehmeißel wird zunächst auf einem Durchmesser von ungefähr 15 mm axial ca. 1,5 mm (oder auch weniger) tief eingestochen **(Bild 48)**. Je nach Maschine, Drehmeißelbreite, Drehzahl, Vorschub usw. kann es dabei durchaus zu einem mehr oder weniger heftigen Rattern kommen. Abhilfe kann hier das Reduzieren der Drehzahl oder das Vergrößern des Vorschubes („etwas schneller kurbeln") schaffen.

Nach Erreichen der vorgesehenen Einstechtiefe wird der Drehmeißel mit dem Planschlitten radial in Richtung Außendurchmesser bewegt **(Bild 49)**, bis die Ausdrehung einen Innendurchmesser von ca. 50 mm erreicht hat (rechtzeitig messen!). In den weiteren Durchgängen wird genau so vorgegangen, bis die Ausdrehung eine Tiefe von 3,5 mm hat. Anschließend wird mit dem gleichen Drehmeißel der Außendurchmesser in dem Bereich, der aus den Backen des Dreibackenfutters hervorsteht, auf einen Durchmesser von 66 mm abgedreht **(Bild 50)**. Dabei ist besonders darauf zu achten, dass eine saubere Planfläche (Ø 66 bis Ø 70 / Anlagefläche beim Bearbeiten der Rückseite) entsteht.

Bild 46:
Umlenkhebel,
Drehen der Nabe

[2] Für diesen Arbeitsgang wird ein Drehmeißel benötigt, der sich vom vorher verwendeten Einstechdrehmeißel durch Radien (R1) an den Schneidenecken unterscheidet **(Abb. 27)**. Durch die beiden Radien muss der Drehmeißel also mindestens 2 mm breit sein. Da es nicht ganz einfach ist, den Drehmeißel exakt 2 mm breit zu schleifen, sollte er etwas breiter gelassen werden. Die Radien werden mit einer Schleiffeile oder einem Abziehstein von Hand angeschliffen (Freiwinkel beachten!). Eine Radienlehre und eine Lupe (z.B. Uhrmacherlupe, Vergrößerung 7 ×...10 ×) sind für diese Arbeit eine große Hilfe. Damit nicht so viel Material von Hand weggeschliffen werden muss, können die Freiflächen im Bereich der Schneidenecken bis ca. 1,5 mm unterhalb der Schneide unter einem größeren Freiwinkel radiusförmig weggeschliffen werden (Schleifbock).

Wie genau der von Hand angeschliffene Radius einem R1 entspricht, bleibt letztlich jedem selbst überlassen. Der Radius am Schwungrad kann auch weggelassen werden, allerdings leidet die Optik darunter. Mit dem Drehmeißel wird mit axialem Vorschub zunächst der Außendurchmesser der Nabe (Ø 12) und der Innendurch-

Bild 47:
Schwungrad;
Plandrehen 1. Seite

messer des Schwungradkranzes (Ø 53) fertiggedreht. Dabei wird die Einstechtiefe etwas größer (ca.1/10 mm, also 3,6 mm) gewählt. Die beiden Durchmesser werden selbstverständlich in mehreren Schritten mit jeweils anschließendem Messen gedreht. Nach dem letzten Schnitt beim Ø 53 lässt man den Drehmeißel auf der Einstechtiefe (3,6 mm) stehen und verfährt ihn dann radial bis zum Ø 12, so dass auch die Planfläche des Speichenbereichs mit diesem Drehmeißel fertig bearbeitet wird. Da der Radiusdrehmeißel beim Drehen der beiden Durchmesser (Ø 12 und Ø 53) kurz vor dem Erreichen der endgültigen Einstechtiefe von 3,6 mm mit einer relativ großen Schneidenlänge im Eingriff steht und kaum noch ein Vorschub stattfindet, kann es schnell zu einem Rattern kommen. Die entstehenden Rattermarken stören auf dem fertigen Schwungrad doch sehr, so dass man beim letzten Schnitt ein Rattern unbedingt verhindern sollte.

Eine Reduzierung der Drehzahl reicht dazu meistens aus. Wenn die vorhandene Drehmaschine keine weitere Drehzahlreduzierung zulässt, kann man die Drehbewegung der Drehmaschinenspindel kurz vor dem Erreichen der endgültigen Ein-

Bild 48:
Schwungrad;
axiales Einstechen

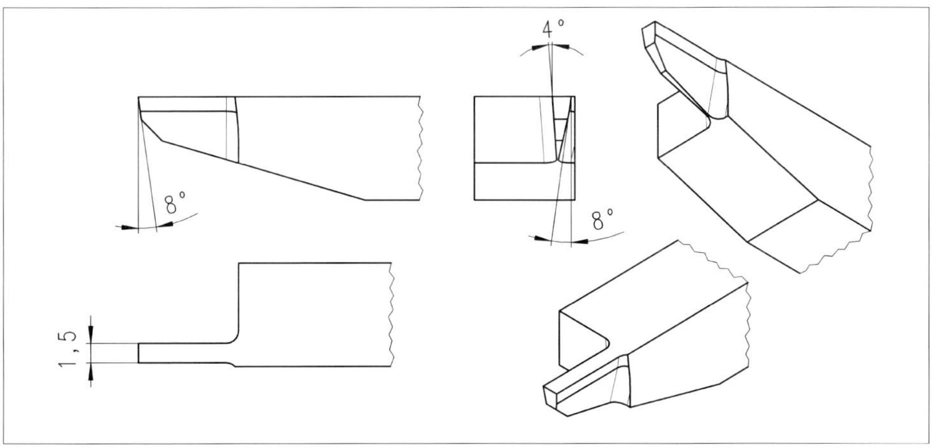

Abb. 26: Stechmeißel für Axialeinstiche

Bild 49: Schwungrad; radiales Ausdrehen

stechtiefe ausschalten und das Futter von Hand drehen. Dabei muss man mit dem Vorschub sehr vorsichtig umgehen. Mehr als ein paar 1/100 mm sollte man den Drehmeißel bei gleichzeitigem Drehen des Futters von Hand nicht vorschieben. Dann muss die Drehmaschinenspindel erst solange von Hand gedreht werden, bis der Drehmeißel kein Material mehr abtrennt.

[3] Die Ausdrehung ist jetzt eigentlich zu tief. Deshalb wird der Drehmeißel nun um exakt 3,5 mm zurückgezogen und die Planflächen der Nabe und des Schwungradkranzes werden in dieser Einstellung fertiggedreht.

Manch ein Modellbauer wird sich fragen, warum der Bereich für die Speichen nicht gleich mit dem Radius-Einstechdrehmeißel komplett gedreht wird? Der Hauptvorteil der gewählten „Arbeitsteilung" liegt darin, dass man den zuerst verwendeten Einstechdrehmeißel schmaler als 2 mm schleifen und so die Ratterneigung deutlich reduzieren kann. Ferner wird der Einstechdrehmeißel mit den mühsam angeschliffenen Radien geschont.

Die Kanten der Nabe und des Schwungradkranzes werden mit Fasen $0{,}3 \times 45°$ versehen. Dazu kann ein unter 90° V-förmig angeschliffener Drehmeißel benutzt

Bild 50:
Schwungrad;
Vordrehen des
Außendurchmessers

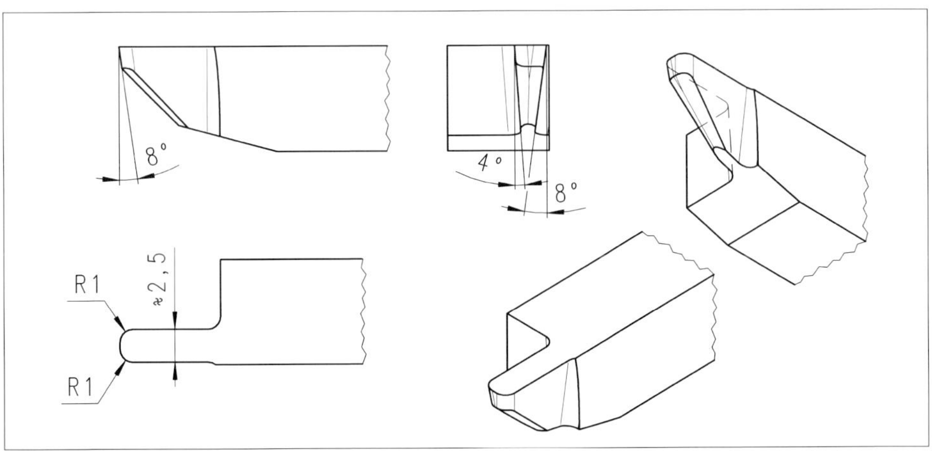

Abb. 27: Stechdrehmeißel mit Radius

Bild 51:
Schwungrad;
Drehen der Fasen

werden **(Bild 51)**. Die von Spänen befreite Drehmeißelschneide wird ganz vorsichtig mit dem Planschlitten so weit verfahren, dass die Schneide die Werkstückkante berührt. Man erkennt diesen Punkt daran, dass sich auf der Spanfläche ganz feine Späne sammeln. Nun wird die Skala des Planschlittens verdreht, bis sich ein beliebiger Teilstrich mit dem feststehenden Nullstrich deckt. Dabei muss die Planschlittenkurbel festgehalten werden, damit sie sich nicht mitdreht. Dann wird der Planschlitten entsprechend der Fasenbreite um weitere 0,3 mm vorgeschoben. Genauso könnte man die Fase auch durch Verfahren des Oberschlittens oder des Bettschlittens (wenn die Leitspindel eine Kurbel mit Skala besitzt) drehen.

Wenn die Drehmaschine keine verdrehbaren Skalen hat oder sich die Skalenringe ohne Mitdrehen der zugehörigen Gewindespindel nicht verdrehen lassen, kann man zur exakten Einhaltung der Fasenbreite auch folgendermaßen vorgehen: Man sucht sich eine Position des Planschlittens, in der die Drehmeißelschneide nahe vor der Werkstückkante steht und sich ein Teilstrich der Planschlittenskala mit dem Nullstrich deckt. Die „Nullstellung" des Drehmeißels erreicht man dann, indem man

Bild 52: Schwungrad; Spannen zur Bearbeitung der 2. Seite

den Drehmeißel mit dem Oberschlitten so weit vorschiebt, dass die Schneide die Werkstückkante gerade berührt. Die Fase dreht man dann durch Verfahren des Planschlittens.

Nun wird die Bohrung für die Welle gebohrt. Da Spiralbohrer mit einem normalen Anschliff beim Anbohren leicht verlaufen, wird zunächst mit einem Zentrierbohrer Ø 2 bei ganz kleinem Vorschub und einer Drehzahl von ca. 1000...1500 min^{-1} eine Zentrierbohrung gebohrt. Danach wird die Bohrung mit einem Spiralbohrer Ø 3 gebohrt. Wer sich jetzt nicht ganz sicher ist, dass die Bohrungsachse exakt mit der Drehachse übereinstimmt, sollte die Bohrung mit einem kleinen Innendrehmeißel in ganz kleinen Zustellschritten bis auf einen Durchmesser von 3,8 mm erweitern.

Da ein einigermaßen exaktes Messen bei diesem Innendurchmesser nicht ganz einfach ist, und um den Innendrehmeißel zu schonen, kann man die Bohrung auch nur so weit ausdrehen, bis sie exakt zentrisch und rund ist. Danach wird mit einem Spiralbohrer Ø 3,8 gebohrt und die Bohrung mit einer 4H7-Reibahle gerieben (ca. 300 min^{-1}; kein Schmiermittel!). Wer keine Reibahle hat, bohrt die Bohrung mit einem Spiralbohrer Ø 4 mm auf. Die Bearbeitung dieser Stirnseite ist damit fertig.

[4, 5] Das Schwungrad wird ausgespannt und umgekehrt wieder eingespannt. Damit das fertige Schwungrad schlagfrei läuft, müssen für das Einspannen Flächen verwendet werden, die im vorangegangenen Arbeitsgang bearbeitet wurden. Hierfür eignet sich der auf Ø 66 vorgedrehte Außendurchmesser. Die axiale Ausrichtung (Planlauf) hängt vom verwendeten Dreibackenfutter ab. Die Backen eines für das Spannen des Schwungrads geeigneten Dreibackenfutters haben meistens eine Stufenhöhe von mehr als 5 mm (halbe Schwungradbreite), so dass es nicht möglich ist, das Schwungrad auf dem schon bearbeiteten Außendurchmesser zu spannen und gleichzeitig die sauber gedrehte Seitenfläche des Schwungradkranzes in Kontakt mit den Planflächen der Backen zu bringen. Da beim Abdrehen des Schwungrads auf Ø 66 aber eine Planfläche (Ø 66 → Ø 70) entstanden ist, kann diese als axiale Anschlagfläche dienen **(Bild 52)**.

Zuerst wird das Schwungrad in mehreren Schritten auf eine Gesamtstärke von 10,1 mm plangedreht. Zum Messen kann man das Schwungrad problemlos ausspannen. Dabei kann man auch einmal kontrollieren, ob der Schwungradkranz an allen Stellen gleich dick ist, d.h. ob die axiale Ausrichtung geglückt ist. Falls geplant ist, die Speichen am Schwungrad mit einem Profilfräser auszurunden, sollte der maximale Unterschied zwischen den einzelnen Messstellen nicht mehr als 0,05 mm betragen. Bei sorgfältigem Arbeiten und einem planlaufenden Dreibackenfutter kann problemlos ein maximaler Unterschied von 0,01... 0,02 mm erreicht werden. Nach dem letzten Plandrehen – wenn also bei korrektem Messen und Zustellen eine Gesamtstärke von 10,1 mm erreicht wird – wird das Schwungrad nicht mehr zum Messen ausgespannt, sondern die zweite Seite bis auf das Bohren genau wie die erste Seite bearbeitet. Nach diesen Arbeitsgängen sollte das Schwungrad also exakt 10 mm und der Speichenbereich 3 mm dick sein.

[6] Als letzter Arbeitsgang auf der Drehmaschine muss nun noch der Außendurchmesser sauber gedreht werden. Damit dort keine Absätze entstehen, muss dies in einer Aufspannung geschehen. Dazu kann man das Schwungrad (je nach Futtergröße) mit den nach außen gestuften Backen auf dem Innendurchmesser (Ø 53) spannen. Wenn die Stufen der Futterbacken nur mit Fasen < 1 mm versehen sind, wird es aber recht schwierig, das Schwungrad planlaufend einzuspannen, da die Radien R1 im Übergang zwischen Schwungradkranz und Speichenbereich eine plane Anlage des Schwungrads an den Backen verhindern. Eine einfache Möglichkeit, das Schwungrad sowohl rund- als auch planlaufend zu spannen, zeigt **Bild 53**. In das Dreibackenfutter wird ein Stück Rundmaterial (z.B. aus Aluminium) mit einem Durchmesser von mindestens 57 mm gespannt. Die Stirnseite wird plangedreht und in der Mitte eine 4-mm-Bohrung (Vorgehensweise wie beim Schwungrad) eingebracht (die beiden zusätzlichen Bohrungen in Bild 53 haben hier keine Funktion). Ohne das Rundmaterial zwischendurch auszuspannen, wird in die Bohrung ein 4-mm-Stift gesteckt, auf den man wiederum das Schwungrad steckt. Damit das Schwungrad beim Drehen sicher mitgenommen wird, muss es axial an das im Futter eingespannte Rundmaterial angedrückt werden. Dazu wird ein plangedrehtes Stück Rundmaterial von ca. 60 mm Durchmesser (z.B. aus Kunststoff) verwendet, das auf einer Seite eine Zentrierbohrung aufweist. Dieses Druckstück wird mit einer mitlaufenden Körnerspitze im Reitstock gegen das Schwungrad gepresst. Dann

Bild 53: Schwungrad; Spannvorrichtung

kann man den Außendurchmesser des Schwungrades in einem Zug sauber drehen **(Bild 54)** und die Kanten in der gleichen Aufspannung mit Fasen versehen.

7.6.2. Fräsen der Speichen

Das Fräsen der Speichen erfordert einen stabilen Teilapparat bzw. Rundtisch. Falls die Radien der Speichen auch gefräst werden sollen, ist zusätzlich ein Fräser aus Silberstahl anzufertigen.

Wer sich diesen Arbeitsgang noch nicht zutraut, kann das Schwungrad auch ohne Speichen verwenden bzw. die Speichen zu einem späteren Zeitpunkt fräsen. Den benötigten Radiusfräser zeigt **Abb. 28**. Mit diesem Fräser kann der Speichenradius auf der Vorder- und Rückseite des Schwungrads in einem Arbeitsgang gefräst werden. Der von mir verwendete Fräser wurde aus einem Stück Silberstahl Ø 10 gefertigt. Der Einstich wird mit einem Radiusdrehmeißel von 3 mm Breite (R1,5) gedreht. Wichtig ist, dass der Einstich einen Durchmesser von 5,1...5,2 mm hat.

Bild 54:
Schwungrad;
Drehen des
Außendurchmessers

Es ist durchaus vorteilhaft, wenn die Breite des Einstichs etwa 0,05...0,1 mm breiter ist, als der Speichenbereich des Schwungrads. Der gefräste Radius wird dann zwar nicht exakt auf der Fläche auslaufen, man erleichtert sich aber das Einrichten des Fräsers erheblich.

Nach dem Drehen des Fräserprofils wird die Hälfte des Rundmaterials im Bereich des Einstichs weggefräst. Mit einem Schleif- oder Frässtift wird dann im Bereich des Einstichs mindestens 1/10 mm Material entfernt, bis nur noch ein wenige Zehntelmillimeter breiter Bereich des ursprünglich gedrehten Radiusprofils direkt an der bei der Halbierung entstandenen Fläche übrig bleibt. Dabei muss die Drehrichtung des zukünftigen Fräsers beachtet werden. Wenn man den Fräser so hält, dass das Einspannende nach oben (der halbierte Bereich also nach unten) zeigt und man auf die bei der Halbierung entstandene Fläche schaut, muss der intakte Bereich des ursprünglich gedrehten Radiusprofils auf der rechten Seite liegen. Die Schneide des Fräsers entspricht der Kante, die durch das Radiusprofil und die gefräste Fläche gebildet wird.

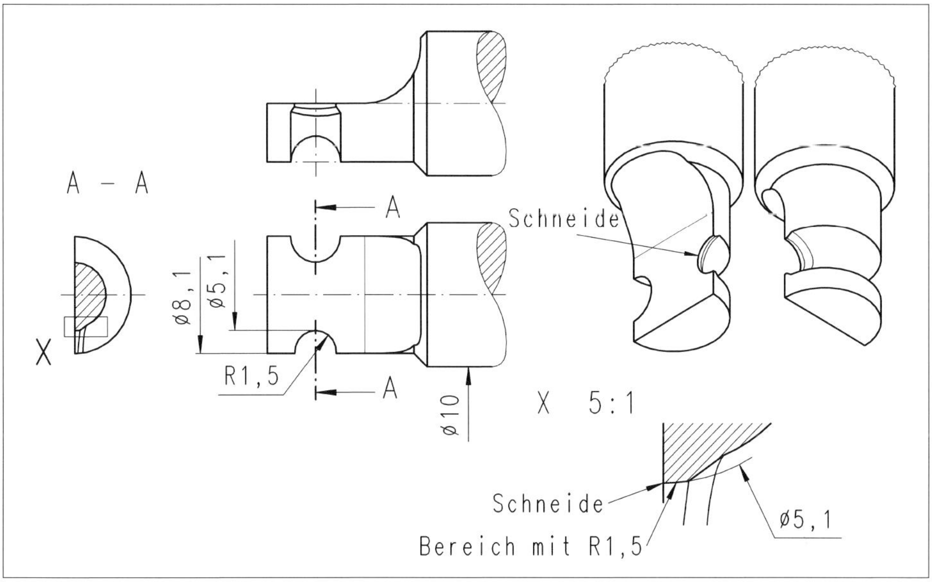

Abb. 28: Radiusfräser für Schwungrad

Danach wird der Fräser gehärtet und die Schneide scharf geschliffen. Das Schleifen geschieht mit Hilfe eines Abziehsteins, auf dem der Fräser mit der bei der Halbierung entstandenen Fläche hin- und herbewegt wird, bis zumindest die Bereiche um den Einstich blank sind. Damit sich der Abziehstein nicht durch das abgeschliffene Material zusetzt, wird beim Schleifen Wasser oder ein dünnflüssiges Öl (abhängig vom verwendeten Abziehstein) verwendet. Eine ausführliche Beschreibung findet sich im Buch „Besseres Drehen und Fräsen – Werkzeuge und Tips" (1.2.3. Härten/ 4.7.2. Profilscheibenfräser).

Zum Spannen des Schwungrads wird ein Dreibackenfutter zentrisch auf dem Rundtisch befestigt. Damit die Futterbacken keinen Abdruck auf dem Schwungradkranz hinterlassen, legt man einen Streifen Papier zwischen die Backen und den Schwungradkranz. Eine runde Papierscheibe unter dem Schwungrad verhindert, dass die beim Fräsen entstehenden Späne in das Futter fallen.

Die zentrische Ausrichtung des Schwungrads (Rundlauf) wird überprüft und ggf. korrigiert (siehe Kap. 3.7.2.). Der in der Mitte des Schwungrads liegende Nullpunkt für die Bearbeitung wird angefahren (siehe Kap. 3.8.2.) und die Position des Frästisches (Maßstäbe an x- und y-Achse) wird notiert.

Die für das Fräsen der Speichen nötigen Schritte sind auf Seite 2 des Plans zu finden. Die Durchbrüche werden zunächst mit einem Fräser Ø 4 mm komplett vorgefräst **(Bild 55)** und dann mit den gleichen Verfahrwegen mit einem Fräser Ø 5 mm fertiggefräst. Als erstes werden mit dem Fräser Ø 4 mm in den Ecken der Durchbrüche Bohrungen zur Kontrolle der Fräswege (anstelle des Anreißens) gebohrt. Der dafür nötige Teilvorgang kann durch direktes Teilen erfolgen (schneller als indirektes Teilen). Der Fräser wird für das Bohren eines der Löcher positioniert. Das Loch wird gebohrt und nach Drehen des Rundtisches um jeweils 90° werden die entsprechenden Löcher in den anderen drei Durchbrüchen gebohrt.

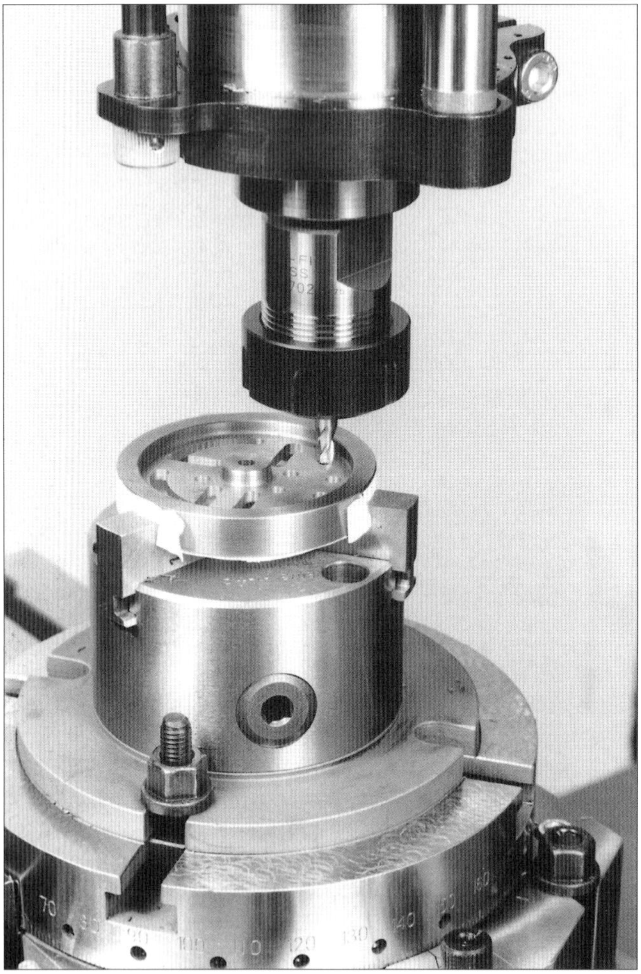

Bild 55: Schwungrad; Fräsen der Durchbrüche

Die übrigen Löcher bohrt man in gleicher Weise. Es sollte darauf geachtet werden, dass die Bohrungen in den 90°-Stellungen des Rundtisches erfolgen.

Die Positionen des Frästisches beim Bohren der Kontrollbohrungen werden notiert. Dies ist sinnvoll, weil der Fräsbereich beim Fräsen mit dem Radiusfräser nicht gut zu sehen ist. Das Gleiche gilt für die Endpositionen (Winkel) des Rundtisches beim Ausfräsen der Durchbrüche.

Für das Ausfräsen der Durchbrüche muss die Schnecke des Rundtisches in Eingriff mit dem Schneckenrad gebracht werden. Die Skala der Teilkurbel wird in der 0°-Stellung des Rundtisches auf Null gestellt. Wenn die Bohrungen durch direktes Teilen positioniert wurden, wird die 0°-Stellung gefunden, indem man den Rundtisch mit der Teilkurbel vorsichtig so weit dreht, bis der Indexbolzen in der 0°-Stellung einrastet.

Beim Ausfräsen der Durchbrüche werden alle zu einem Arbeitsgang gehörenden Schritte (**[9]** bis **[12]**/**[13]**) an allen vier Durchbrüchen durchgeführt, bevor mit dem

Bild 56: Schwungrad; Fräsen der Speichenradien

nächsten Arbeitsgang begonnen wird. Der aus den Schritten **[9]** bis **[12]** bestehende Arbeitsgang, bei dem drei Kanten des Durchbruchs gefräst werden, kann auch beliebig aufgeteilt werden.

Wenn die Durchbrüche mit dem Fräser Ø 5 mm fertig gefräst sind, werden die Speichen mit dem Radiusfräser ausgerundet **(Bild 56)**. Das geschieht mit den gleichen Verfahrwegen, wie bei den vorangegangenen Arbeitsschritten. Der Fräser muss aber anders in den Schnitt gebracht werden. Folgende Vorgehensweise hat sich bewährt:

Für die Schritte analog zu den Schritten **[9]** bis **[12]** wird das Schwungrad ca. 10° gegen den Uhrzeigersinn aus der 0°-Lage gedreht (siehe Skizze Plan Seite 2). Der Fräser wird in x-Richtung entsprechend der Speichenbreite positioniert (Maß „5"). In y-Richtung steht der Fräser ungefähr in der Mitte der Speiche (Maß: „ca. 15"). Der Fräser wird durch Verfahren des Fräskopfs (z-Achse) so in der Höhe positioniert, dass er knapp über dem Speichenbereich steht – das Schwungrad

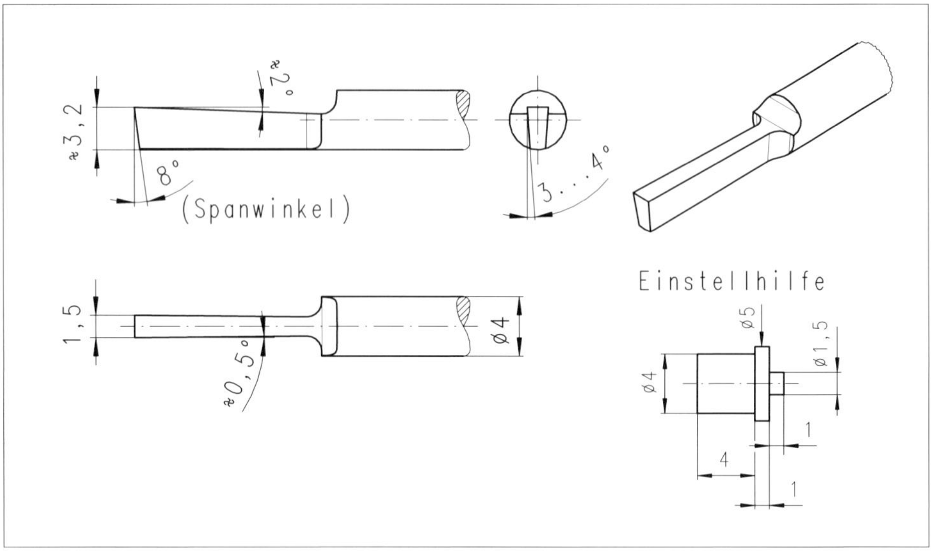

Abb. 29: Stoßmeißel

lässt sich also noch drehen. Mit der Pinole wird der Fräser in den Durchbruch im Schwungrad getaucht, bis der Radiuseinstich im Fräser ungefähr auf gleicher Höhe wie die vorgefräste Speiche liegt. Der Fräser wird so gedreht, dass die Schneide in Richtung Speiche ausgerichtet ist. Nun wird das Schwungrad im Uhrzeigersinn langsam zurückgedreht, bis die Speiche den Außendurchmesser (Ø 8,1) des Fräsers berührt. Die Pinole wird nun mit dem Bohrvorschubhebel (ausgekuppelter Feinvorschub) ganz wenig (einige 1/10 mm) stetig auf- und abbewegt. Gleichzeitig wird das Schwungrad vorsichtig etwas weitergedreht. Da der Einstich des Radiusdrehmeißels etwas breiter als die Speichendicke ist, kann die Speiche etwas in den Einstich eintauchen. Die Auf- und Abbewegung des Fräsers wird dadurch immer weiter begrenzt, bis der Fräser seine Arbeitshöhe erreicht hat. In dieser Stellung wird die Pinole geklemmt.

Das Schwungrad wird gegen den Uhrzeigersinn gedreht, bis sich der Fräser wieder frei drehen lässt. Dann wird die Spindel eingeschaltet (ca. 300 min^{-1}) und das Schwungrad langsam in die 0°-Stellung zurückgedreht. Mit den gleichen Verfahrwegen wie schon beim Fräsen der Durchbrüche werden nun die Radien gefräst. Beim letzten Konturabschnitt entsprechend Schritt **[13]** wird in gleicher Weise vorgegangen.

7.6.3. Keilnut stoßen

Da die Keilnut nur 1,5 mm breit ist, kann das Stoßen problemlos mit der Pinole erfolgen. Aus einem HSS-Drehling von 4 mm Durchmesser wird ein Stoßmeißel **(Abb. 29)** geschliffen. Die Breite von 1,5 mm sollte möglichst genau eingehalten werden, da hierdurch die Nutbreite bestimmt wird. Da es kaum gelingen wird, den Stoßmeißel von Hand so anzuschleifen, dass die Schneide exakt symmetrisch zum Schaft liegt, muss der Stoßmeißel auf die Mitte der Schwungradbohrung eingestellt werden. Als Einstellhilfe dient ein Drehteil (Abb. 29, rechts unten), das in die Schwungradbohrung eingesetzt wird. Der Stoßmeißel wird so positioniert, dass die Schneide ganz dicht über der Mitte des 1,5-mm-Ansatzes steht **(Bild 57)**. Mit

Bild 57: Schwungrad; Einrichten des Stoßmeißels

einer Lupe können dann die Schneidenecken bündig zum Außendurchmesser des 1,5-mm-Ansatzes eingestellt werden. Das Stoßen **(Bild 58)** erfolgt durch Auf- und Abbewegen der Pinole mit dem Bohrvorschubhebel, die Zustellung erfolgt in Schritten von 0,05...0,1 mm.

7.7. Arbeitszylinder (6)

Der Arbeitszylinder wird aus Grauguss gefertigt (Abschnitt Ø 40 × 60, Strangguss GG25). Damit nicht zu viel Werkstoff zerspant werden muss, liegt die Achse des Arbeitszylinders exzentrisch zur Achse des Strangguss-Abschnitts.

Der Abschnitt wird ins Dreibackenfutter gespannt, die Planfläche sauber gedreht. Der Außendurchmesser wird auf einer Länge von ca. 30 mm so weit sauber gedreht, dass eine ausreichende Spannfläche entsteht. Dabei sollte ein Durchmesser von ca. 39,5 mm nicht unterschritten werden. Dann wird der Abschnitt umgedreht und die andere Planfläche ebenfalls sauber gedreht. Damit das exzentrische Ausrichten

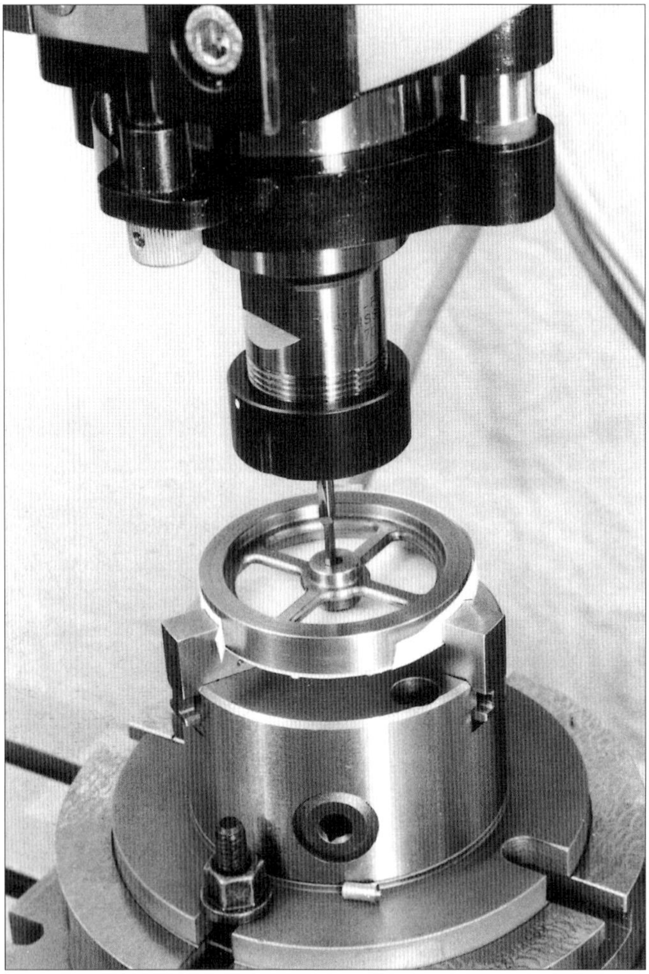

Bild 58: Schwungrad; Stoßen der Keilnut

leichter fällt, kann ein ca. 0,5 mm langer Kontroll-Ansatz mit einem Durchmesser von 12 mm (= doppelte Exzentrizität) an das Abschnittende angedreht werden.

[1] Als erstes wird ein exzentrischer Spannansatz gedreht. Am einfachsten ist das exzentrische Spannen mit einem Vierbackenfutter mit einzeln einstellbaren Backen **(Bild 59)**. Das Werkstück wird so eingespannt, dass eine Körnerspitze im Reitstock, die zur Kontrolle an das Werkstückende herangeschoben wird, exakt auf der Kante des Kontroll-Ansatzes steht.

Beim Spannen im Dreibackenfutter wird zwischen das Werkstück und eine der Backen ein Distanzstück gelegt. Die Stärke des Distanzstücks wird durch Ausprobieren ermittelt. Da das Distanzstück in diesem Fall sehr dick sein müsste, habe ich die Backen des Futters versetzt eingesetzt **(Bild 60)**. Backe 1, unter der auch die Distanzbleche liegen, wurde wie üblich zuerst in das Futter eingesetzt. Die Backen 2 und 3 wurden erst nach einer vollen Umdrehung der Planspirale eingesetzt.

Bild 59: Arbeitszylinder; Drehen des Spann-Absatzes im Vierbackenfutter

Nach dem Spannen wird zuerst der Kontroll-Ansatz vorsichtig entfernt. Da das Werkstück exzentrisch läuft, sollte nur eine niedrige Drehzahl von ca. 150 min^{-1} gewählt werden. Beim Drehen des Spannansatzes empfiehlt es sich, das Werkstück mit einer mitlaufenden Körnerspitze im Reitstock abzustützen (Zentrierbohrung 2...4 mm). Da der Schnitt durch die Exzentrizität unterbrochen ist, darf die Zustellung nur gering gewählt werden. Die entstehende exzentrische Planfläche muss sauber gedreht werden. Die Position der Backe, bei der das Distanzstück zwischengelegt wurde, wird auf dem Werkstück markiert.

[2] Wenn der Spannansatz fertig ist, werden die Backen des Dreibackenfutters wieder symmetrisch eingesetzt. Das Werkstück wird nun mit dem Spannansatz eingespannt. Nach dem Drehen auf Länge (38,8 mm) wird auch auf dieser Seite eine Zentrierbohrung gebohrt.

[3] In diesem Schritt wird der zylindrische Teil des Arbeitszylinders gedreht. Zuerst wird ein zylindrischer Ansatz Ø 22,4 × 18,8 gedreht. Mit einem Drehmeißel nach **Abb. 30** wird anschließend der Ø 20 gedreht. Der Einstechdrehmeißel ist vorne etwas abgewinkelt, damit ein Drehen bis direkt vor die Planfläche möglich ist. Durch den Freiwinkel von 8° auf der einen Seite kann mit dem Drehmeißel nicht nur eingestochen, sondern auch längsgedreht werden **(Bild 61)**.

[4] Der Verstärkungskragen wird gedreht **(Bild 62)**. Dafür wird ein Profildrehmeißel nach **Abb. 31** benötigt.

[5 ... 7] Das Werkstück wird im Dreibackenfutter auf dem Rundtisch gespannt. In der 0°-Stellung liegt die Markierung unten. Die höchste Stelle des exzentrischen mittleren Werkstückbereichs ist also dem Fräser zugewandt. Die Zylinderkontur

Bild 60: Arbeitszylinder; Drehen des Spann-Ansatzes im Dreibackenfutter

wird grob vorgefräst. Es ist sinnvoll, das Werkstück dabei mit einer Körnerspitze im Reitstock abzustützen **(Bild 63)**.

[8] Für die folgenden Arbeitsschritte ist die Abstützung mit der Körnerspitze nicht mehr erforderlich. Damit der in den weiteren Schritten rund gefräste Zylinderbereich ohne Stufen in den gedrehten Zylinderbereich (Ø 20) übergeht, muss der Rundlauf überprüft und ggf. korrigiert werden. Die Messuhr wird dazu möglichst nahe an der Übergangsstelle (in **[9]** mit Hinweis „bündig" gekennzeichnet) im gedrehten Bereich angesetzt **(Bild 64)**. Mehr als 0,02 mm sollte sich der Messuhrzeiger bei einer vollen Umdrehung des Werkstücks nicht bewegen.

Zuerst werden mit einem Schlagzahn die Seitenflächen des Anschraubflansches sauber gefräst. Die Einstellung in der z-Achse wird beim Fräsen der beiden Flächen (Rundtisch 90° und 270°) nicht verändert. Dann wird der Abstand der beiden Flächen (= Flanschbreite) gemessen. Wenn bisher kein Fehler gemacht wurde, sollte der Messwert etwas über 35 mm liegen. Der Flansch soll aber exakt 35 mm breit

Bild 61: Arbeitszylinder; Drehen mit Einstech- und Längsdrehmeißel

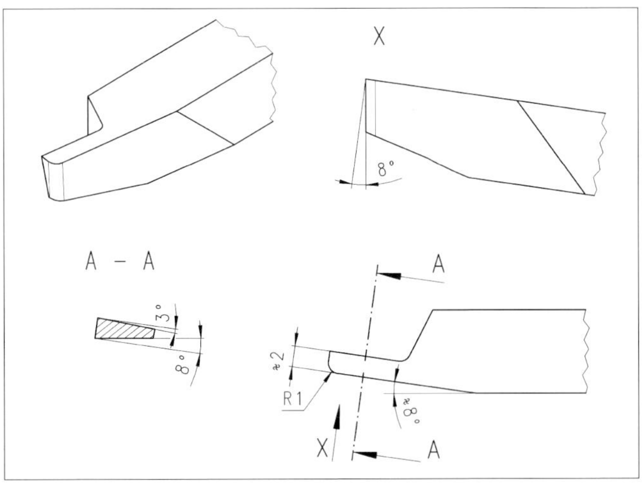

Abb. 30: Einstech- und Längsdrehmeißel

Bild 62: Arbeitszylinder; Drehen des Verstärkungskragens

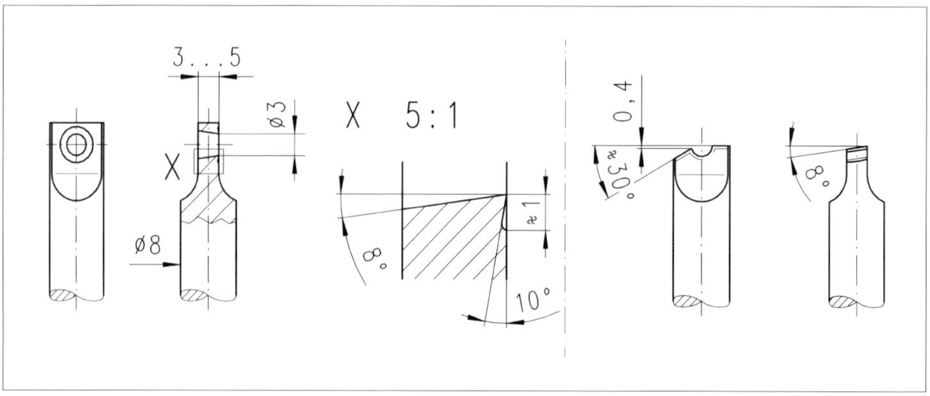

Abb. 31: Profildrehmeißel R1,5 für Arbeitszylinder

werden. Deshalb wird der Schlagzahn um die halbe Differenz zwischen Messwert und Sollwert (35 mm) in der z-Achse zugestellt. Beide Flächen werden mit dieser Einstellung gefräst. Für das Fräsen der Flanschfläche (Rundtisch 0°) muss der Schlagzahn 5,5 mm tiefer eingestellt werden.

[9... 11] Der runde Zylinderbereich wird gefräst. In der 180°-Stellung wird zunächst die Einstellung des Fräsers in der z-Achse ermittelt. Der gedrehte Bereich wird geschwärzt und der Fräser zwischen den Schnitten in immer kleiner werdenden Schritten zugestellt. Durch den in Schritt **[3]** gedrehten Radius lässt sich sehr gut erkennen, wie tief der Fräser steht. Der Fräser muss so tief eingestellt werden, dass der Radius fast vollständig weggefräst, die gedrehte Fläche (Ø 20) aber noch

Bild 63: Arbeitszylinder; Vorfräsen

Bild 64: Arbeitszylinder; Kontrolle des Rundlaufs

nicht angekratzt wird. Mit dieser Einstellung wird die Rundung schrittweise gefräst **[10, 11]**. Durch die kleinen Schritte (4° bzw. 4,5) entsteht ein Vieleck. Die Abweichung vom genauen Radius ist aber so gering, dass ein geringes Nacharbeiten mit Schleifleinen (Körnung 240 und 320) reicht.

Bild 65: Arbeitszylinder; Fräsen der Flanschradien

Bild 66: Arbeitszylinder; Vorfräsen des Flansches

Bild 67: Arbeitszylinder; Vorfräsen des Flansches

Bild 68: Arbeitszylinder; Fertigfräsen des Flansches

Bild 69: Arbeitszylinder; Antasten mit Kantentaster

[12] Fräsen der 45°-Schräge für die Kontur der Rippe.

[13, 14] Fräsen der Flanschradien R2 **(Bild 65)**/Vorfräsen der Rippenkontur mit 4-mm-Fräser; der Bereich für den Eckenradius bleibt stehen (**Bild 66** und **67**).

[15] Fertigfräsen der Rippe mit Radiusfräser Ø 3 (zwei Schneiden; Schneidenlänge 8 mm) **(Bild 68)**.

[16] Die Rippe auf der gegenüberliegenden Werkstückseite wird entsprechend den vorangegangenen Schritten gefräst. Wer möchte, kann nun den Radius am Zylinderboden fräsen **(Bild 70)**. Beim Fräsen muss der Fräser genau über der Drehachse des Rundtisches stehen. Für die Positionierung wird der Zylinder mit einem Kantentaster angetastet **(Bild 69)**. Für die hier benötigte Genauigkeit reicht allerdings auch ein Antasten mit einem festen Stift (siehe Kap. 3.8.1.2.).

[17] In diesem Bearbeitungsschritt wird die Zylinderbohrung gefertigt. Das Vorbohren bzw. Ausdrehen bis auf einen Durchmesser von ca. 15,5 mm und Plandrehen des Zylinderbodens erfolgt am zweckmäßigsten auf der Drehmaschine.

Bild 70: Arbeitszylinder; Fräsen des Bodenradius

Wenn die Bohrung durch Drehen fertig bearbeitet werden soll, muss sichergestellt sein, dass die Drehmaschinenspindel sehr gut zur Bewegungsrichtung des Bettschlittens ausgerichtet ist. Überprüfen kann man dieses, indem ein ca. 130 mm langes Messingstück von 30...40 mm Durchmesser ohne Unterstützung durch den Reitstock auf einer Länge von ca. 100 mm sauber gedreht wird. Der letzte Schnitt muss mit einem scharfen Drehmeißel bei einer Zustellung von 0,1...0,2 mm erfolgen. Dann wird der Durchmesser am Anfang und am Ende des gedrehten Bereichs mit einer Bügelmessschraube gemessen.

Die beiden Messwerte sollten sich nicht mehr als 0,01 mm voneinander unterscheiden. Falls dies der Fall ist, kann die Zylinderbohrung auf Ø 16 ausgedreht werden. Dabei kommt es nicht so sehr auf den Durchmesser als vielmehr auf die Oberflächengüte an. Deshalb wird die Bohrstange nach Abb. 11 bei einer Spindeldrehzahl von ca. 300 min^{-1} verwendet **(Bild 71)**. Der sehr scharfe Schneideinsatz wird beim Ausdrehen reichlich geschmiert. Dazu wird mehr oder weniger ständig mit einer Spritzflasche Öl in die Bohrung gespritzt. Dadurch werden die meisten Späne aus

*Bild 71:
Arbeitszylinder;
Ausdrehen auf
Drehmaschine*

der Bohrung gespült und die übrigen Späne schwimmen frei im Öl – eine verschleißende Paste kann sich jedenfalls nicht bilden.

Falls die geometrische Genauigkeit der Drehmaschine nicht ausreichend ist, kann das Fertigbearbeiten der Zylinderbohrung auch auf der Fräsmaschine erfolgen. Dies kann sowohl mit einem einstellbaren Ausdrehkopf als auch mit einer einstellbaren Bohrstange **(Bild 72)** erfolgen. Die einstellbare Bohrstange ist ausführlich im Buch „Besseres Drehen und Fräsen" beschrieben. Der Schneideinsatz entspricht dem in der Bohrstange gemäß Abb. 11 verwendeten Schneideinsatz. Da die Schneide mit einer festen Einstellung rotiert, ist gewährleistet, dass der Durchmesser der bearbeiteten Bohrung über die gesamte Bearbeitungslänge konstant ist.

Vor dem Ausdrehen muss die Achse der Frässpindel in Übereinstimmung mit der Zylinderachse gebracht werden (Kap. 3.8.2.). Der Vorschub beim Ausdrehen erfolgt vorzugsweise mit dem Feinvorschub der Pinole. Da das Ausdrehen ohne Sicht auf die Bearbeitungsstelle erfolgt, ist es zur Kontrolle empfehlenswert, die Bear-

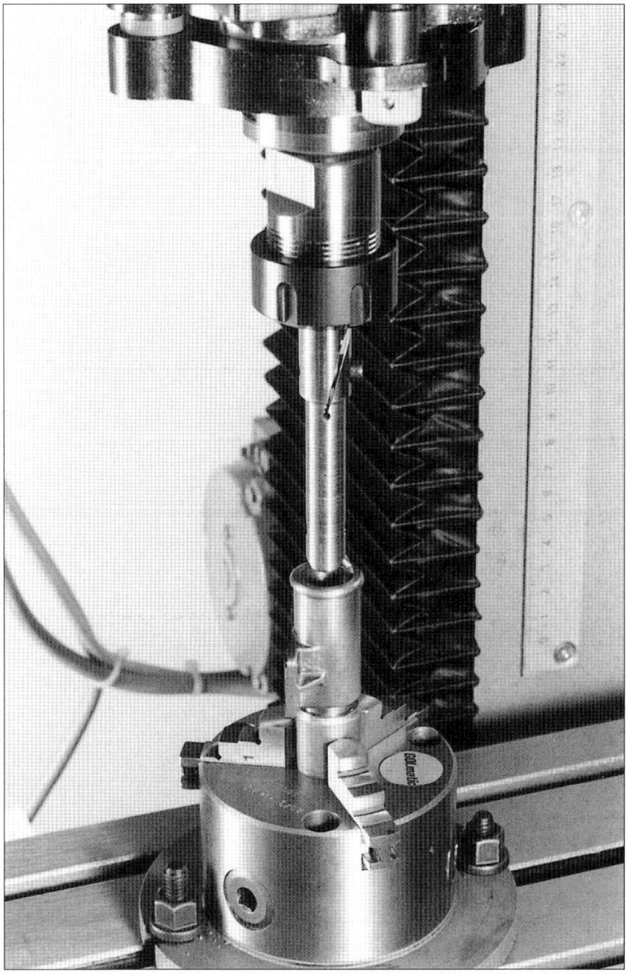

Bild 72: Arbeitszylinder; Ausdrehen auf Fräsmaschine

beitungstiefe auf dem Schaft der Bohrstange zu kennzeichnen. Der erste Schnitt bis auf einen Durchmesser von ca. 15,8 mm erfolgt trocken und dient dazu, für die Fertigbearbeitung ein einheitliches Aufmaß zu schaffen. Die Spindeldrehzahl beträgt 100...300 min^{-1}. Sie wird so gewählt, dass die Bohrstange ruhig arbeitet und eine gute Oberfläche erzeugt. Vor dem letzten Schnitt werden zunächst die Späne aus dem Zylinder entfernt (absaugen oder vorsichtig ausblasen) und dann der Zylinder mit Öl gefüllt. Beim Ausdrehen taucht die Bohrstange in den Zylinder ein, so dass das verdrängte Öl überläuft. Damit es nicht in das Dreibackenfutter läuft, wird eine Lage saugfähiges Papier (auf keinen Fall ein Lappen!) um den Zylinderaußendurchmesser gelegt.

Die Bearbeitung kann in gleicher Weise auch auf der Drehmaschine erfolgen (Bohrstange im Dreibackenfutter, Zylinder auf dem Frässchlitten gespannt).

Die Oberfläche ist jetzt glatt, stellt aber noch keine gute Lauffläche für den Kolben dar. Die beim Ausdrehen entstandenen Rauigkeitspitzen müssen noch abgetragen

Bild 73: Arbeitszylinder; Bohren Luftkanal

werden. Als Werkzeug verwenden wir ein Rundholz von 10 mm Durchmesser, auf dessen Umfang an einem Ende ein 20 × 20 großes Stück 600er-Schleifpapier mit doppelseitigem Klebeband (Schaumstoffträger 1...2 mm) geklebt wird. Der Zylinder wird von Öl und Spänen gereinigt und ins Dreibackenfutter der Drehmaschine gespannt. Bei einer Drehzahl von ca. 300 min^{-1} wird das mit dem Schleifpapier beklebte Rundholz in die Bohrung eingeführt und dann unter leichtem Druck längs der Bohrung schnell hin- und herbewegt. Die Hin- und Herbewegung muss gleichmäßig über die gesamte Länge der Zylinderbohrung erfolgen, wobei das Holz möglichst gerade gehalten werden muss, damit das Schleifpapier auf seiner ganzen Länge schleift.

Das Schleifen darf nur kurz (5...10 Sekunden) erfolgen, damit die Form des Zylinders nicht verändert wird. Schon nach dieser kurzen Zeit zeigen sich feine Schleifspuren, die unter einem Winkel (ideal 45° ± 15°) verlaufen und sich kreuzen. Damit ist die Innenbearbeitung des Zylinders abgeschlossen.

Bild 74: Arbeitszylinder; Abstechen

[18] Die Befestigungsbohrungen und der Luftkanal werden gebohrt. Der Zylinder wird im Dreibackenfutter auf dem Rundtisch gespannt. Die horizontale Ausrichtung des Zylinderflansches erfolgt unter Zuhilfenahme einer Messuhr durch Drehen des Rundtisches mit der Teilkurbel. Der Luftkanal wird mit einem Fräser Ø 8 mm (mindestens eine Stirnschneide bis zur Mitte) gebohrt **(Bild 73)**.

[19] Der Zylinder wird mit einem geringen Aufmaß vom Spannansatz abgestochen (Länge ca. 39,3 mm). Damit er dabei nicht beschädigt wird, wird ein Kunststoff- oder Holzstab in ein Bohrfutter im Reitstock gespannt und in die Zylinderbohrung gesteckt **(Bild 74)**.

Dann wird der Zylinder ins Dreibackenfutter gespannt. Damit die Backen den Verstärkungskragen nicht beschädigen, werden in dem daran angrenzenden Bereich (Ø 20) Blechabschnitte aus Aluminium untergelegt. Das Futter wird mit Gefühl gespannt und der Zylinderboden plangedreht **(Bild 75)**.

Bild 75: Arbeitszylinder; Plandrehen Zylinderboden

Das Verrunden der Kanten schließt die Bearbeitung ab. Nicht verrundet werden alle Bohrungskanten und die an die Flanschfläche angrenzenden Kanten.

Die gesamte Bearbeitung ist auch ohne Rundtisch möglich. Durch das ständige Umspannen ist aber eine gehörige Portion Geduld erforderlich. Das Fräsen der Flanschfläche eines weiteren Zylinders auf der *Myford* ist in **Bild 76** zu sehen.

7.8. Kolben (15)

Zuerst wird die Bohrung 17 mm tief vorgebohrt und ausgedreht. Die Bohrung ist 3 mm tiefer als beim fertigen Kolben, damit beim Drehen des Außendurchmessers etwas „Platz zum Probieren“ ist. Der Außendurchmesser wird auf einer Länge von ca. 22 mm auf einen Durchmesser vorgedreht, der etwa 0,1 mm größer als der Zylinderinnendurchmesser ist. Mit einem Spitzschlichtdrehmeißel (Abb. 7) wird der Kolben dann auf den Zylinderdurchmesser abgestimmt. Wenn der Kolben fast

Bild 76

in den Zylinder passt, sollte man bei jedem Zustellen zuerst nur 2 mm drehen und dann prüfen, ob der Zylinder schon passt. Je nach verwendetem Werkstoff, Drehmeißel usw. kann es schwierig werden, sowohl eine enge und leicht laufende Passung als auch eine gute Oberfläche zu drehen. In einem solchen Fall wird der Probeansatz möglichst eng in den Zylinder eingepasst, der Drehmeißel aus dieser Einstellung ca. 0,01 mm zurückgezogen und die restliche Länge gedreht. Mit 240er- und 320er-Schleifleinen wird dann die Feinanpassung vorgenommen. Dabei muss unbedingt darauf geachtet werden, dass die gesamte Werkstücklänge gleichmäßig geschliffen wird.

Wenn der Kolben gut passt, werden der Probeansatz abgedreht und die entstehenden Kanten leicht angefast (ca. 0,1 × 45°). Der Einstich (Ø 15,5) wird gedreht. Da ein leichter Grat an den Kanten kaum zu vermeiden ist, werden die Einstichkanten mit 320er-Schleifleinen entschärft. Dann wird der Kolben abgestochen. Beim Spannen zur Bearbeitung der Abstechseite wird ein Streifen Papier zwischen den Kolben und die Futterbacken gelegt.

Bild 77:
Lagerstück

7.9. Lagerstück (14)

Der Außendurchmesser des Lagerstücks wird auf den Innendurchmesser des Kolbens abgestimmt. Das Kernloch für das Gewinde wird in der gleichen Aufspannung gebohrt. Nach dem Fräsen der Nut und der Außenflächen **(Bild 77)** sowie dem Bohren der Querbohrung wird das Lagerstück abgestochen. Da ein zentrisches Spannen im Dreibackenfutter nicht mehr möglich ist, wird die Abstechseite plan gefräst **(Bild 78)**.

7.10. Lagerdeckel (7)

Der Lagerdeckel wird aus GG25 gefertigt. Die mittlere Bohrung, die für die Montage wichtige Flanschfläche (Ø 18 → Ø 30) sowie der sich daran anschließende Zentrieransatz (Ø 18) müssen unbedingt in einer Aufspannung gefertigt werden. Wer keinen kleinen Innendrehmeißel zum Ausdrehen der Ölkammer hat, kann auch die Ausführung mit eingepressten Lagern wählen. Das Fräsen der 40°-Schräge ist am

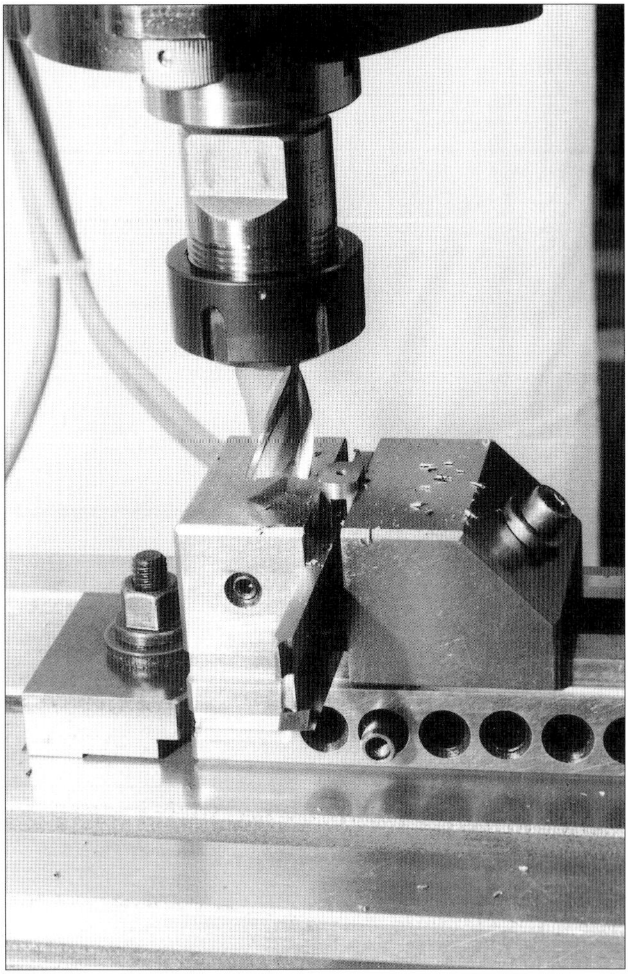

Bild 78: Lagerstück; Fräsen des Bodens

einfachsten, wenn der Lagerdeckel mit einem winkelverstellbaren Schraubstock gespannt wird **(Bild 79)**. Das Abfräsen des Flansches (Maß 27,5), Bohren der Flanschlöcher sowie der Ölbohrung erfolgt in einer Aufspannung auf dem Rundtisch. Für das Bohren der Ölbohrung wird zuerst eine Startbohrung mit einem Fräser Ø 2 mm gebohrt **(Bild 80)**.

7.11. Pleuel

7.11.1. Pleuelstange (9/10)

Für das Bearbeiten des kugelförmigen Endes wird ein Profildrehmeißel aus Silberstahl (Werkstoff-Nr. 1.2210) nach **Abb. 32** benötigt. Das Rundmaterial für die Pleuelstange wird ins Dreibackenfutter gespannt. Damit die Backen vorne spannen, wird im vorderen Backenbereich ein ca. 15 mm breiter Papierstreifen (80 g/m^2) um das Werkstück gelegt. Die Bearbeitungsreihenfolge ist in **Abb. 33** dargestellt. Der Profildrehmeißel muss mit der Schneide genau auf Spitzenhöhe eingestellt werden. Das Drehen des kugelförmigen Endes erfolgt bei einer Drehzahl von ca. 100 min^{-1}

Bild 79: Lagerdeckel; Fräsen der 40°-Fase

bei guter Schmierung mit einem Schneidöl (**Bild 81**, das Öl wurde entfernt). Das Schneidöl verhindert wirkungsvoll die Bildung von Aufbauschneiden.

Da die Kugel später beim Bohren der Lagerbohrung in einer 6 mm breiten Nut fixiert wird, sollte der Kugeldurchmesser möglichst genau eingehalten werden. Dies wird aber dadurch erschwert, dass der Drehmeißel kurz vor Fertigstellung der Kugel nicht mehr sofort schneidet, wenn er etwas vorgeschoben wird. Erst bei weiterem Vorschieben nimmt er dann einen Span ab, der allerdings dicker als geplant sein wird. Dieses Verhalten liegt daran, dass durch die große, im Eingriff stehende Schneidenlänge auch große Kräfte entstehen, die das Werkstück abdrängen. Erst wenn das Werkstück durch sein Wegfedern genügend Gegenkraft aufgebaut hat, dringt die Schneide in den Werkstoff ein.

Das Schneidöl verstärkt diesen Effekt, weil der extrem gut haftende Ölfilm den Drehmeißel praktisch vom Werkstück fernhält, bis die Flächenpressung zwischen Drehmeißel und Werkstück so groß geworden ist, dass die Schneide den Ölfilm durchdringt. Deshalb ist es ratsam, das Öl zu entfernen, wenn die Kugel nur noch

*Bild 80:
Lagerdeckel;
Bohren der
Ölbohrung*

ein geringes Übermaß im Bereich von 0,1 mm hat. Ferner hat es sich bewährt, das Futter dann nur noch von Hand zu drehen.

Wenn der Drehmeißel absolut nicht schneiden will, kann versucht werden, den Drehmeißel ca. 0,1 mm unter Mitte einzustellen. Die dadurch entstehende Profilverzerrung fällt nicht auf, der vergrößerte Freiwinkel erleichtert aber das Eindringen der Schneide.

Wenn die Kugel fertig ist, werden die Kegel mit dem Oberschlitten gedreht **(Bild 82)**. Falls die Oberfläche nach der Bearbeitung in Schritt **[6]** nicht gleichmäßig aussieht oder sogar einige Drehriefen aufweist, wird die komplette Kontur mit Schleifleinen geschliffen. Bei einer Drehzahl von ca. 1500 min^{-1} wird ein V-förmig um den Rundstahl gelegtes Stück 240er-Schleifleinen unter leichtem Druck und unter Zugabe von Öl entlang der Kontur bewegt. Wenn die Oberfläche gleichmäßig aussieht, wird sie noch mit einer 400er-Körnung übergeschliffen.

In Schritt **[7]** wird das Werkstück horizontal im Schraubstock gespannt. Für das Ausrichten in Bearbeitungsschritt **[8]** muss eine Ausrichtfläche gefräst werden.

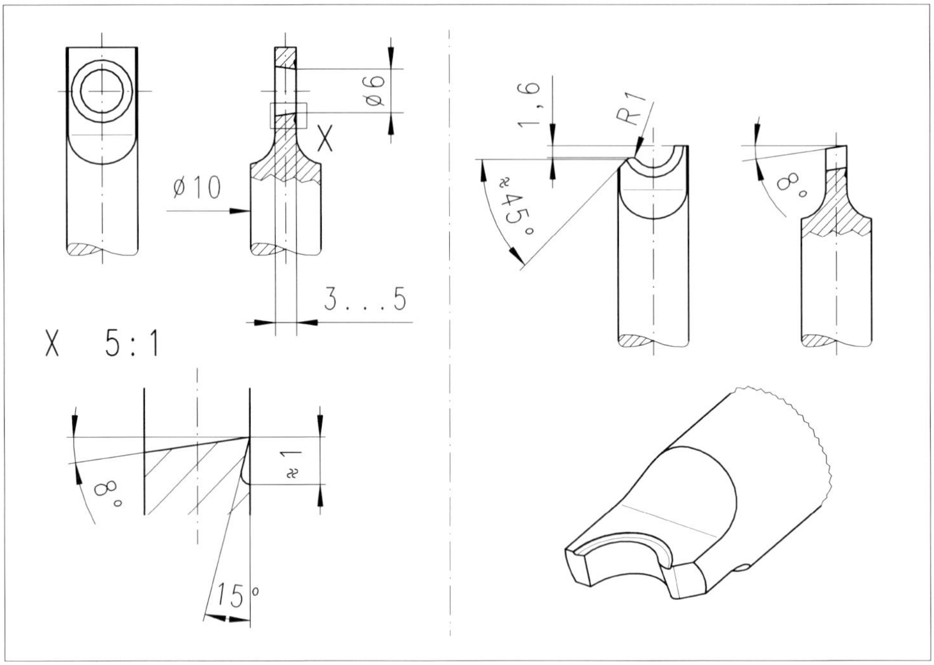

Abb. 32: Profildrehmeißel R3 für Pleuel

Bild 81: Pleuelstange; Drehen der Kugel

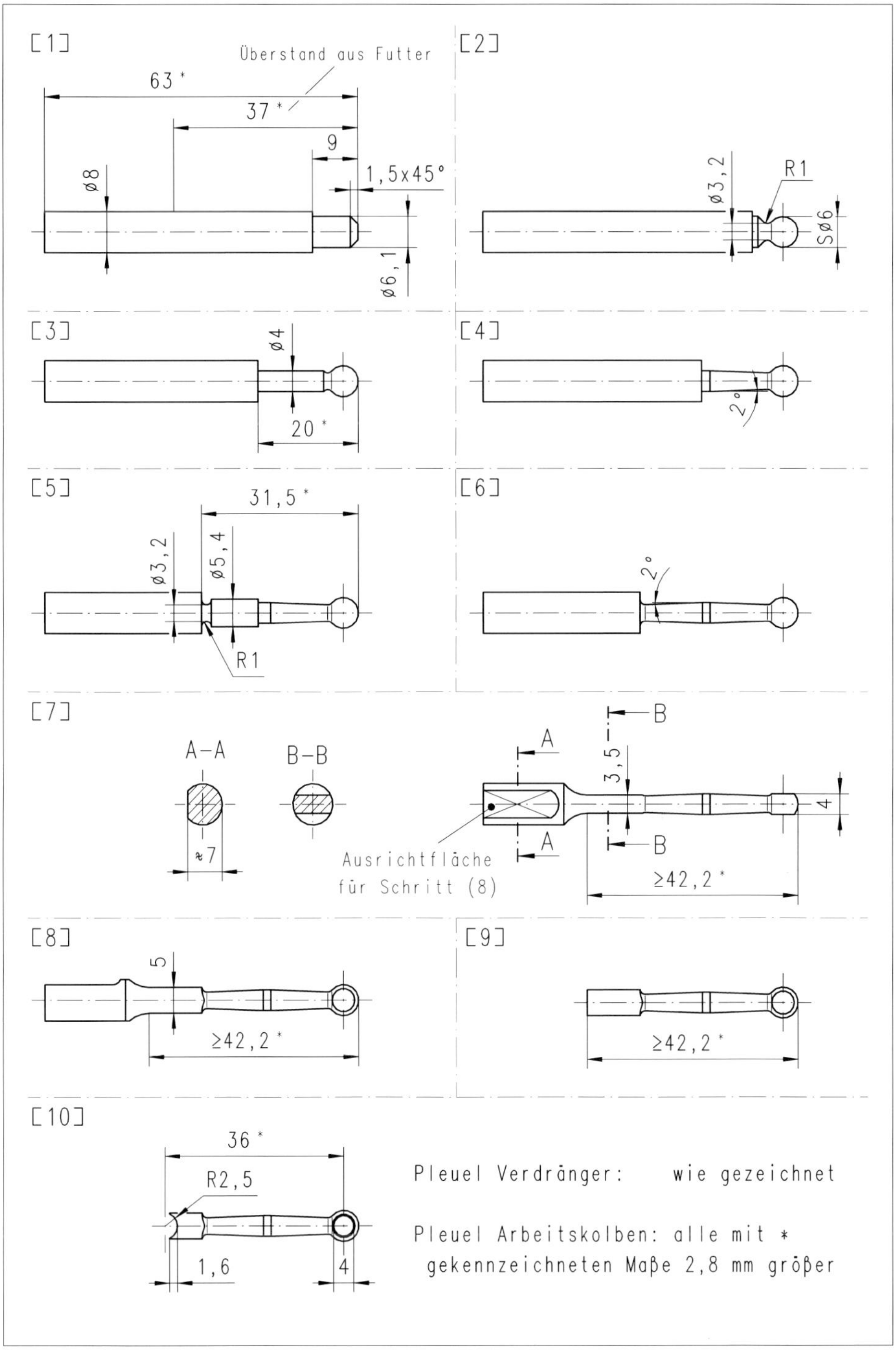

Abb. 33: Bearbeitungsreihenfolge, Pleuelstange (9, 10)

Bild 82: Pleuelstange; Drehen der Kegel

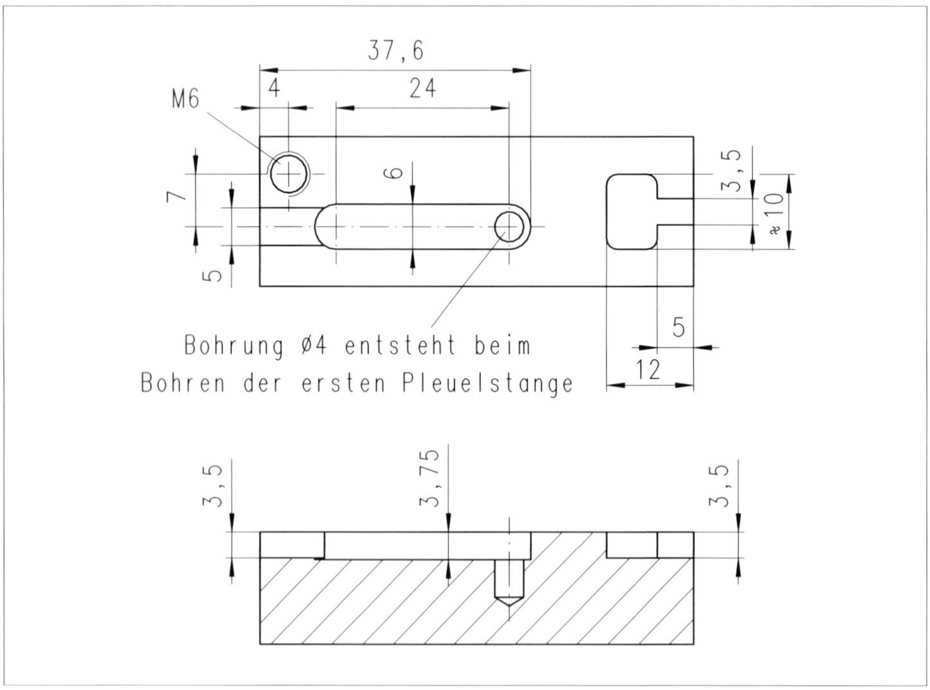

Abb. 34: Spannvorrichtung für Pleuelstange

Bild 83:
Pleuelstange;
Fräsen der Flächen

Hierfür muss zwischen den Schraubstockbacken noch Platz für einen Fräser von 5 oder 6 mm Durchmesser bleiben. Deshalb darf das Prisma in den Schraubstockbacken für das Spannen nur verwendet werden, wenn der Spannbereich des Werkstücks nicht mehr als ca. 1 mm tief in das Prisma eintaucht. Die Ausrichtfläche ist bei der auf der Schraubstockbacke liegenden Pleuelstange in Bild 84 gut zu sehen. Beim Fräsen der Flächen an die Kugel muss die Pleuelstange seitlich abgestützt werden **(Bild 83)**. Die Abstützung sollte direkt neben der Kugel erfolgen. Durch die frei zugängliche Kugel ist ein Messen möglich, ohne die Abstützung zu entfernen.

In Schritt **[8]** wird die Pleuelstange um 90° gedreht eingespannt, wobei die Ausrichtfläche an der festen Schraubstockbacke anliegt.

Die Bearbeitung in Schritt **[10]** erfordert eine Spannvorrichtung. In ein Stück Aluminium oder Ms58 wird die Kontur gemäß **Abb. 34** (links) gefräst. Wenn der Fräser Ø 6 mm am Ende der 6 mm breiten Nut steht (dort, wo die 4-mm-Bohrung eingezeichnet ist), werden die Skalen der x- und y-Achse auf Null gestellt. Mit einem

Bild 84: Pleuelstange; Reiben Ø 4

Fräser Ø 5 mm wird dann die 5 mm breite Nut gefräst. Auch zum Gewindeschneiden wird die Spannvorrichtung nicht ausgespannt. Wenn die Vorrichtung fertig ist, wird die Nullposition wieder angefahren. Die Pleuelstange wird in der Vorrichtung eingespannt, wobei die Kugel am Ende der 6-mm-Nut anliegen muss. Die Bohrung in der Kugel wird nun zentriert, mit Ø 3,8 gebohrt und mit einer Reibahle Ø 4H7 gerieben **(Bild 84)** oder mit einem Spiralbohrer Ø 4 aufgebohrt. Die Bohrung wird bis in die Spannvorrichtung gebohrt.

Bei einem späteren Gebrauch der Spannvorrichtung erfolgt das Ausrichten nach dieser Bohrung. Mit einem Fräser Ø 5 mm wird die Aufnahme für das geteilte Pleuellager gefräst. Dies geschieht durch Eintauchen des Fräsers **(Bild 85)**. Da die entstehenden Enden sehr dünn sind, wird die Stirnseite noch etwas gekürzt (Maß „1,6").

7.11.2. Lagerhalter (11)

Die Bearbeitung geht aus **Abb. 35** und den **Bildern 86** und **87** hervor. Damit die dünnen Wände des Lagerhalters beim Fräsen auf Länge in Schritt **[9]** nicht ins

Bild 85:
Pleuelstange;
Fräsen des
Lagersitzes

Schwingen geraten oder sogar verbogen werden, wird ein Stück 6-mm-Rundmaterial zwischengelegt **(Bild 87)**. Auf dem Bild ist auch zu sehen, dass zwischen die lose Backe und den Lagerhalter ein Stück Zeichenkarton gelegt wurde. Bei dem abgebildeten Schraubstock reicht dies, um das geringe Verkanten der losen Backe infolge der einseitigen Spannung auszugleichen.

7.11.3. Lager (36)

Das geteilte Lager wird aus Ms58 hergestellt. Zwei 40 mm lange Abschnitte von 8-mm-Rundmaterial werden plangedreht und dann halbiert **(Bild 88)**. Das Halbieren muss in mehreren Schnitten geschehen, weil das Werkstück beim Fräsen krumm wird, die gefräste Fläche aber eben sein muss. Die beiden Hälften klebt man mit einem Tropfen Sekundenkleber zusammen und spannt sie ins Dreibackenfutter. Dabei sind die Backen so zu positionieren, dass die Spannkraft den Zusammenhalt der beiden Hälften unterstützt. Die Trennebene darf also nicht in Richtung einer Backe verlaufen. Der Überstand wird mit etwa 11 mm so groß gewählt, dass ein Lager

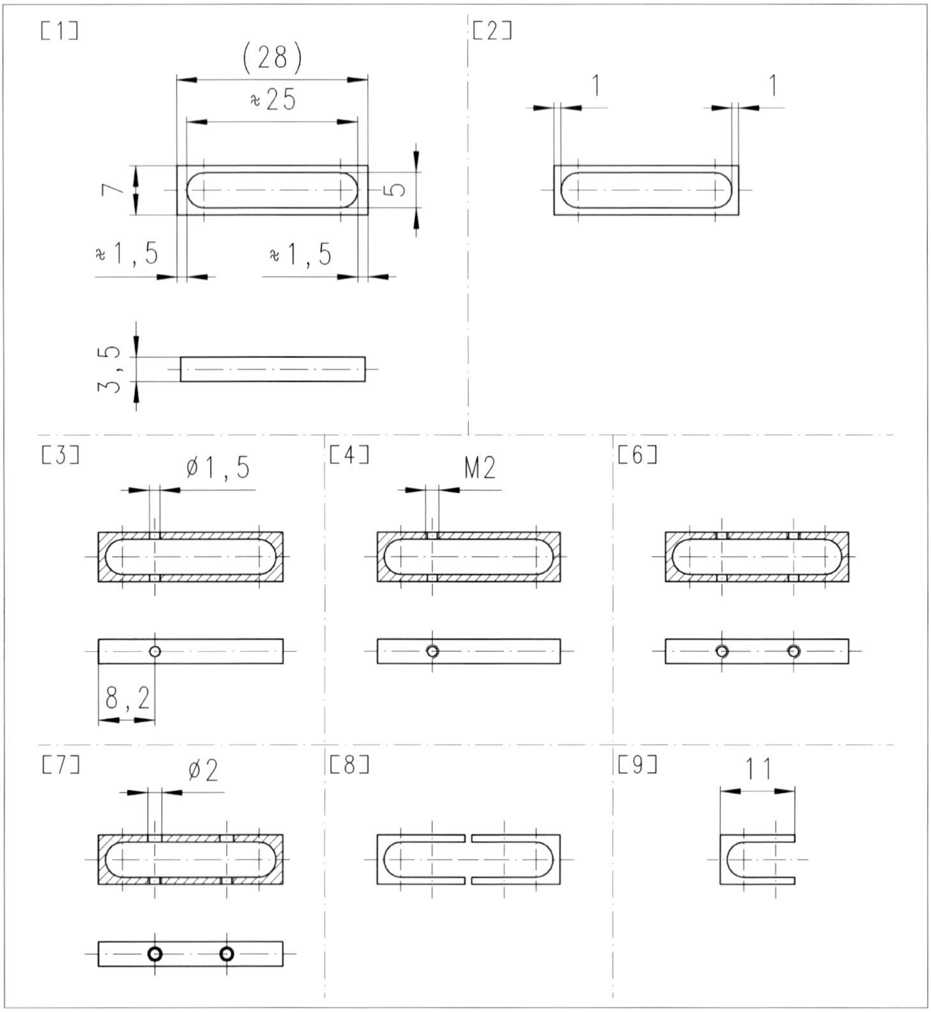

Abb. 35: Bearbeitungsreihenfolge, Lagerhalter (11)

in einer Aufspannung gedreht und abgestochen werden kann. Wenn der Außendurchmesser und der Einstich des Lagers gedreht ist, erfolgt das Bohren. Damit die Hälften nicht auseinandergedrückt werden, wird die Bohrung nach dem Zentrieren mit einem scharfen Bohrer Ø 2,5 mm vorgebohrt und mit einem Innendrehmeißel auf 4 mm ausgedreht. Die Bohrungskante wird mit einem kleinen Dreikantschaber oder einem Stück 320er-Schleifleinen bei laufender Spindel entgratet. Dann wird die Zusammengehörigkeit der beiden Lagerhälften gekennzeichnet. Dazu wird mit einer Reißnadel im Einstich des Lagers eine dünne Linie quer über die Trennlinie gezogen. Das Abstechen erfolgt mit einem sehr schmalen Abstechdrehmeißel nach Abb. 9. Beim Abstechen werden sich die Hälften wahrscheinlich trennen. Damit sie nicht in der Spänewanne landen, wird ein Rohrstück mit 7...8 mm Innendurchmesser in ein Bohrfutter im Reitstock gespannt. Dieses wird über das Werkstück bis knapp vor die Abstechstelle geschoben. Nach dem Abstechen muss die Bohrung

Bild 86: Lagerhalter; Fräsen des Lagersitzes

Bild 87: Fräsen auf Länge

auf der Abstechseite mit einem Dreikantschaber leicht entgratet werden. Der ausgehärtete Sekundenkleber wird von der Trennfläche geschabt.

7.11.4. Montage

Pleuelstange, Lager und Lagerhalter werden zusammengesetzt. In ein Stück Aluminium oder Ms58 wird die Kontur nach Abb. 34 (rechts) gefräst. Das zusammengesetzte Pleuel wird so in die Aussparung gelegt, dass der Lagerhalter am Ende der Aussparung anliegt und die 2-mm-Bohrung des Lagerhalters oben liegt. Ein Bohrer Ø 2 mm wird ins Bohrfutter gespannt und möglichst genau auf die 2-mm-Bohrung des Lagerhalters ausgerichtet. Mit dem Bohrer wird nun ca. 3 mm tief in die Pleuelstange gebohrt. Dabei wird die Pleuelstange fest in Richtung Lagerhalter gedrückt, so dass das geteilte Lager ohne Luft zwischen der Pleuelstange und dem Lagerhalter eingespannt wird. **Bild 89** zeigt nur die Anordnung ohne das Andrücken der Pleuelstange. Das Pleuel wird demontiert und die 2-mm-Bohrung durchgebohrt.

7.12. Kurbel (20)

(Abb. 36) Zuerst wird ein Rohling gedreht **[1]**. Das Vordrehen des ca. 11 mm breiten Einstichs kann mit einem Stechdrehmeißel geschehen. Dieser ähnelt einem

Bild 88:
Material für
Pleuellager

Abstechdrehmeißel (Abb. 8), die Hauptschneide wird aber unter einem Winkel von 0° (anstelle der 15°) angeschliffen. Durch „Aneinandersetzen“ mehrerer schmaler Einstiche entsteht der breite Einstich. Das Schlichtdrehen der rechten Planfläche des Einstiches sowie ca. 3 mm des daran angrenzenden zylindrischen Bereiches (Ø 8) erfolgt mit einem linken Seitendrehmeißel.

Nach dem Drehen wird zuerst eine ca. 4 mm breite Nut durch den soeben gedrehten Einstich gefräst. Diese Nut schneidet die Bohrung im Drehteil an. Dadurch wird ein Auslauf für den Stoßmeißel beim Stoßen der Keilnut geschaffen. Ferner wird der Platz für die Begrenzungsrolle beim Feilen des Radius R3 benötigt.

Für die Bearbeitungsschritte **[2]** bis **[5]** wird der Rohling im Dreibackenfutter auf dem Rundtisch gespannt. Dabei muss die Freifräsung in der 0°-Stellung (nach Auge) ausgerichtet werden. Damit die Lage der Nut besser zu sehen ist, kann ein Blechstück mit einer geraden Kante oder ein Stahlmaß in der Nut angelegt werden.

Bild 89:
Pleuelstange;
Bohrung für
Pleuelschraube

Der Bezugspunkt für die Bearbeitung liegt in der Mitte der Kurbelbohrung. Als Fräser kann ein beliebiger Schaftfräser verwendet werden (**Bild 90**, 6-mm-HSS-PM-Fräser mit TiAlN-Beschichtung, Fräsen ohne Schmiermittel). In Schritt **[5]** wird die Bohrung für den Kurbelzapfen gebohrt und die Keilnut gestoßen **(Bild 91)**. Hinweise für das Stoßen der Nut finden sich in Kap. 7.6.3. Da der Werkstoff der Kurbel Stahl ist, muss mit einem Schneidöl geschmiert werden. Wer sich das Nuten und die Herstellung der Keile nicht zutraut, kann die Kurbel auch mit einem Gewindestift M3 auf der Kurbelwelle festsetzen.

Nach dem Nuten wird der Radius R3 gefeilt **[6]**. Danach wird die Kurbel auf der Drehmaschine abgestochen (Gesamtlänge ca. 6,3 mm). Zum Bearbeiten der Abstechfläche wird die Kurbel auf einen Messingdorn aufgepresst (**Bild 92**/→ Kap, 4.1.1.3.).

7.13. Zugstange (24)

Für die Rundfräsarbeiten an der aufwändigeren Version (23) wird eine Spannvorrichtung benötigt **(Abb. 37/Bild 93)**. Die Außenradien der einfachen Version (23a)

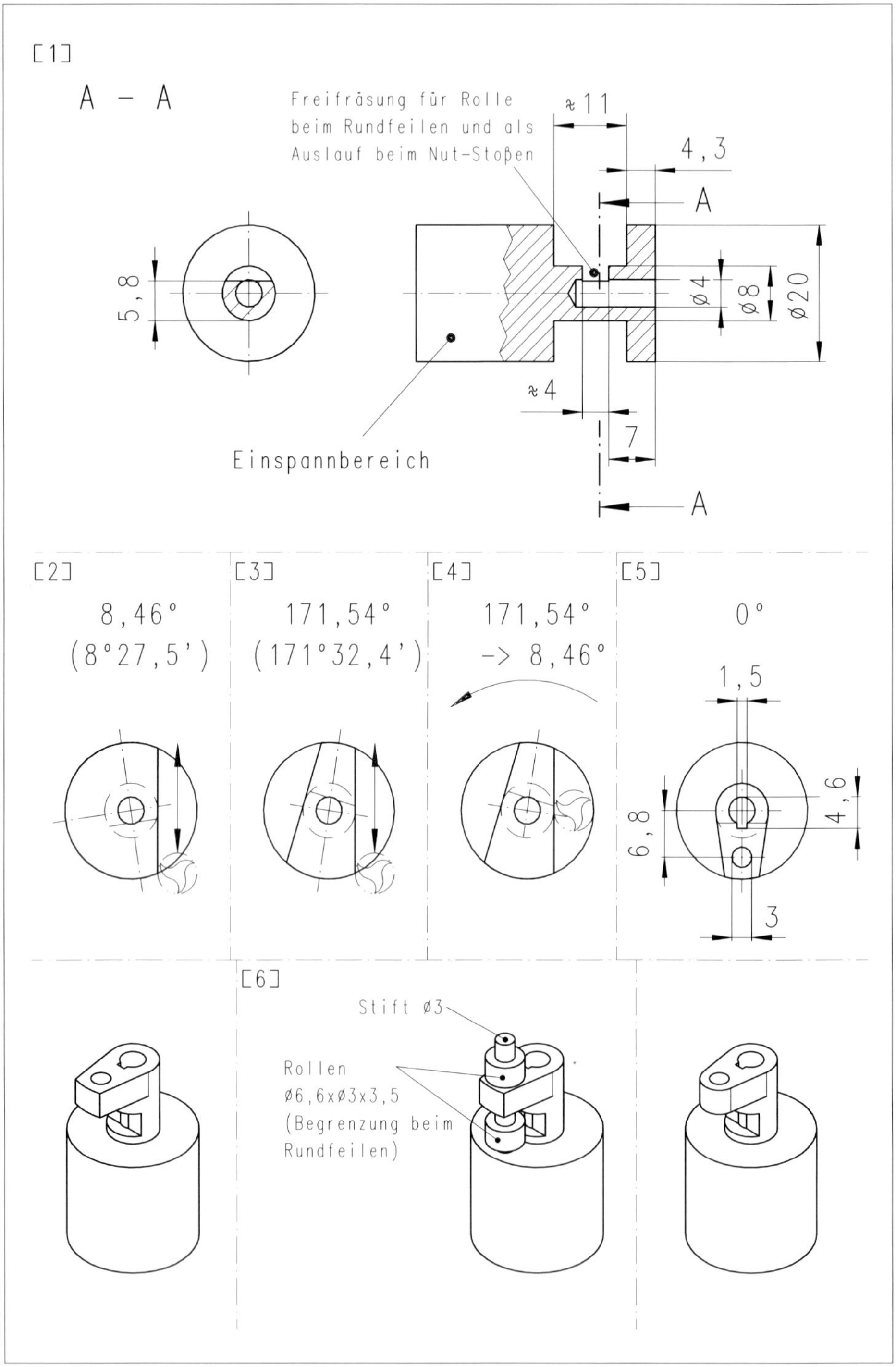

Abb. 36: Bearbeitungsreihenfolge, Kurbel (20)

Bild 90:
Kurbel; Rundfräsen

können auch gefeilt werden (Begrenzungsrollen verwenden!). Wichtig bei beiden Versionen ist, dass bei den beiden benötigten Zugstangen der Bohrungsabstand exakt gleich ist. Dies ist am einfachsten zu realisieren, wenn die Zugstangen im Paket gebohrt werden. Die Handhabung wird erleichtert, wenn man die beiden Teile vorher mit Sekundenkleber zusammenklebt. Für die Bearbeitung in Schritt **[7]** wird die Zugstange im Schraubstock gespannt **(Bild 94)**.

7.14. Verdrängerkolben (17)

Der Verdrängerkolben wird vorzugsweise aus nichtrostendem Automatenstahl (Werkstoff-Nr. 1.4104) gefertigt. Dieser Stahl ist noch gut zu bearbeiten und hat den Vorteil einer relativ geringen Wärmeleitfähigkeit. Wichtig ist, dass die verwendeten Werkzeuge scharf sind.

[1] Der 75 mm lange Materialabschnitt wird ins Dreibackenfutter gespannt, der Deckel gedreht und abgestochen. Damit der Deckel in das Rohr eingepresst werden kann, ist der Durchmesser des Einpress-Ansatzes 0,1 mm größer als der Rohr-

Bild 91:
Kurbel;
Stoßen der Keilnut

innendurchmesser. Der Bund mit Durchmesser 18 muss sauber gedreht werden, da er später für das Ausrichten gebraucht wird.

[2] Das restliche Rundmaterial erhält zuerst einen sauber gedrehten Spannansatz (Ø 17 × 18). Beim nachfolgenden Spannen für die Innenbearbeitung sollte der mit „0" gekennzeichnete Spanntrieb des Dreibackenfutters verwendet werden. Die Position der ersten Futterbacke wird auf dem Werkstück markiert, dann wird der Innendurchmesser vorgebohrt und gedreht.

[3] Der Rohrkörper wird ausgespannt, von Spänen und Öl befreit und der Deckel im Schraubstock eingepresst. Dann wird der Rohrkörper für die Außenbearbeitung eingespannt. Auf die Position der Backe und das Benutzen des mit „0" gekennzeichneten Spanntriebes ist zu achten. Der Rundlauf wird am Bund des Deckels mit einer Messuhr kontrolliert und korrigiert, falls die Rundlaufabweichung größer als 0,1 mm ist. Die Außenkontur wird bearbeitet, die 4-mm-Bohrung im Deckel gebohrt und das Werkstück abgestochen.

[4] Die Abstechseite wird bearbeitet.

Bild 92:
Kurbel; Plandrehen der Abstechseite

Der Verdrängerkolben kann auch aus zwei Deckeln und einem Rohrstück angefertigt werden. Damit der Verdrängerkolben eine schlechte Wärmeleitfähigkeit bekommt, muss das Rohr aus Stahl oder Edelstahl bestehen. Der Durchmesser muss so gewählt werden, dass eine max. Wandstärke von 0,5 mm entsteht. Es kann ein Rohr Ø 18 × 1 verwendet werden, das auf Ø 17 mm abgedreht wird.

7.15. Kolbenstange (12)

Für die Kolbenstange wird ein möglichst gerades Halbzeug mit einer guten Oberflächengüte benötigt. Geeignet sind blanke Stahlwellen nach DIN 669 und polierter Rundstahl nach DIN 175. Trotz der schon guten Oberfläche muss diese nach der Bearbeitung der beiden Enden noch verbessert werden. Dazu wird die Kolbenstange auf der Seite eingespannt, auf der später der Verdrängerkolben befestigt wird. Dann schleift man die Kolbenstange mit 600er-Schleifpapier unter Zugabe von Öl. Die Spindeldrehzahl sollte ca. 500 min^{-1} betragen. Das Schleifpapier wird schnell längs der Kolbenstange hin- und herbewegt, so dass die feinen Schleifspuren unter

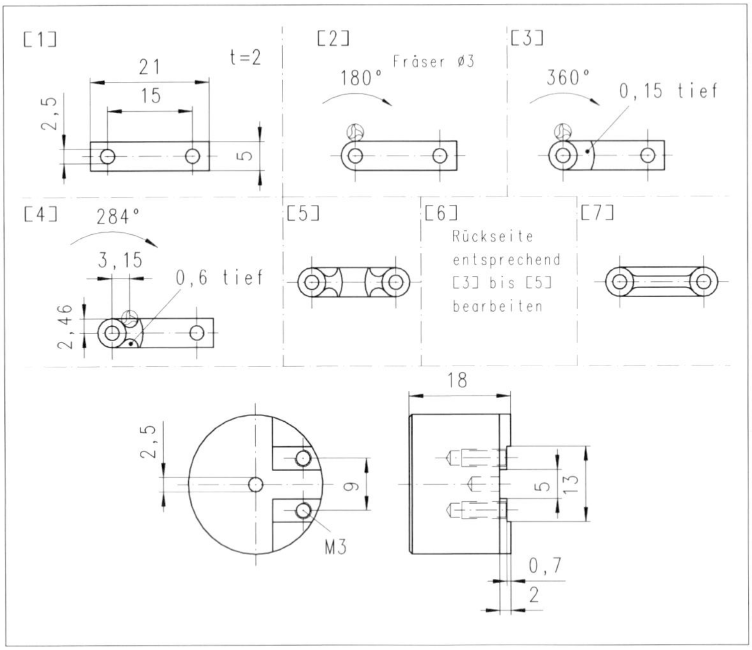

Abb. 37: Bearbeitungs-reihenfolge; Zugstange (24)

Bild 93: Zugstange; Rundfräsen

Bild 94: Zugstange; Fräsen

einem Winkel von ca. 45° verlaufen und sich kreuzen. Die Oberfläche muss sehr glatt sein, so dass sich die Kolbenstange bei guter Schmierung leicht durch die Bohrung des Lagerdeckels schieben lässt. Die feinen, sich kreuzenden Schleifspuren sorgen für die Haftung des Ölfilms beim Betrieb des Heißluftmotors.

7.16. Kurbelwelle (8)

Die Anforderungen an die Kurbelwelle sind recht hoch. Damit sich die Kurbelwelle in den Lagern leicht drehen lässt, müssen die Achsen der beiden nicht gebogenen Endbereiche fluchten. Die Achse des mittleren Bereiches für das Pleuel muss dazu parallel verlaufen. Ferner darf dieser mittlere Bereich durch den Biegevorgang nicht verformt werden.

All diese Forderungen sind mit einer Biegevorrichtung (Plan, Seite 2) leicht zu erfüllen.

7.16.1. Biegevorrichtung

Die von mir verwendete Biegevorrichtung besteht aus einem Aluminium-Gehäuse (AlZnMgCu0,5/1,5) und zwei Schiebern sowie einem Biegestempel aus St50. Die 100 mm lange Querbohrung wird vor dem Ausfräsen der Aussparung in einem Arbeitsgang gebohrt.

Am einfachsten geht das, wenn die Bohrung im Vierbackenfutter auf der Drehmaschine bearbeitet wird. Wichtig ist, dass die Schieber leicht, aber mit minimalem Spiel in der Bohrung laufen. Anschließend wird die Aussparung gefräst. Ein durch die Schieberbohrung gestecktes Rundmaterial von 15 mm Durchmesser kann als Bezug (Antasten) für die Biegestempel-Bohrung verwendet werden.

Der Biegestempel wird nach dem Plandrehen mit den Bohrungen für die Verschraubung versehen. Die Bohrungen werden 2 mm tiefer gebohrt, als in der Zeichnung angegeben. Als Nächstes werden die seitlichen Flächen (Maß „12") gefräst. Anschließend wird ein 8,2 mm langes Stück abgestochen. Beide Abstechflächen werden sauber gedreht und die Gewinde geschnitten. Da sich das abgestochene Stück infolge der angefrästen Flächen nicht mehr direkt im Dreibackenfutter spannen lässt, wird es zum Plandrehen entweder in ein Spannzangenfutter oder mit einem geschlitzten dickwandigen Zwischenring (ähnlich dem in Bild 14) ins Dreibackenfutter gespannt. Nach dem Verschrauben der beiden Teile wird die 4-mm-Querbohrung für die Aufnahme der Kurbelwelle gebohrt und gerieben. Damit der zu biegende Rundstahl geklemmt wird, muss in der Trennfläche etwas Material entfernt werden. Das geschieht, indem man das 8 mm lange Spannstück auf einem Stück Schleifleinen auf einer ebenen Unterlage hin- und herbewegt. Die Bohrungskanten der Schieber und des Biegestempels müssen noch verrundet werden, damit die Biegungen der Kurbelwelle nicht scharfkantig werden.

Alternativ zum gebohrten Gehäuse mit runden Schiebern können auch Nuten in das Gehäuse gefräst werden. Die Schieber und der Biegestempel werden dann aus Vierkantmaterial angefertigt.

7.16.2. Biegen der Kurbelwelle

Die Kurbelwelle wird aus Rundstahl St37K (DIN 669) gebogen. Es wird ein 122 mm langer Abschnitt mit M4-Gewinden an beiden Enden benötigt. Vor dem Biegen wird der Rundstahl mit 320er-Schleifleinen blank geschliffen. Dazu wird der Rundstahl

Bild 95: Kurbelwelle; Biegen

im Futter der Drehmaschine gespannt. Bei einer Drehzahl von ca. 1500 min^{-1} wird ein V-förmig um den Rundstahl gelegtes Stück Schleifleinen unter leichtem Druck und unter Zugabe von Öl langsam entlang des Rundstahls bewegt.

Vor dem Biegen werden die Führungen im Gehäuse mit einem gut haftenden Öl geschmiert (Bettbahnöl, Kettenöl). Die Schieber werden nach dem Klemmen des Rundstahls im Biegestempel symmetrisch dazu auf einen Abstand von 31 mm eingestellt. Auf die Gewinde schraubt man M4-Muttern bis zum Anliegen an den Schiebern. Der Überstand des Biegestempels aus dem Gehäuse wird gemessen. Ein Überstand 8,5 mm + ein glattes Maß (z.B. 12,5 mm) sollte angestrebt werden (ggf. Biegestempel kürzen).

Im Schraubstock wird der Biegestempel ca. 2 mm weit in das Gehäuse gedrückt **(Bild 95)**. Dann wird der Schraubstock wieder geöffnet und der Biegestempel um weitere 2 mm bewegt. Das schrittweise Biegen ist nötig, damit sich die Schieber bewegen können. Nach den ersten 4 mm werden die Gewindeenden der Kurbelwelle bei quer eingespannter Biegevorrichtung etwas zusammengedrückt **(Bild 96)**, dadurch wird der Biegevorgang unterstützt. Nach den nächsten zwei Biegeschritten von jeweils 2 mm wird genauso verfahren. Beim letzten Biegeschritt wird neben

Bild 96: Kurbelwelle; Nachsetzen der Schieber

den Biegestempel ein passendes Distanzstück zur Begrenzung der Biegebewegung gelegt. Wenn der Biegestempel vor dem Biegen 12,5 mm aus dem Gehäuse übergestanden hat, muss das Distanzstück 4 mm dick sein, um den gewünschten Biegeweg von 8,5 mm zu erhalten.

Abb 38: Kurbelwelle; Kontrolle der Geradheit

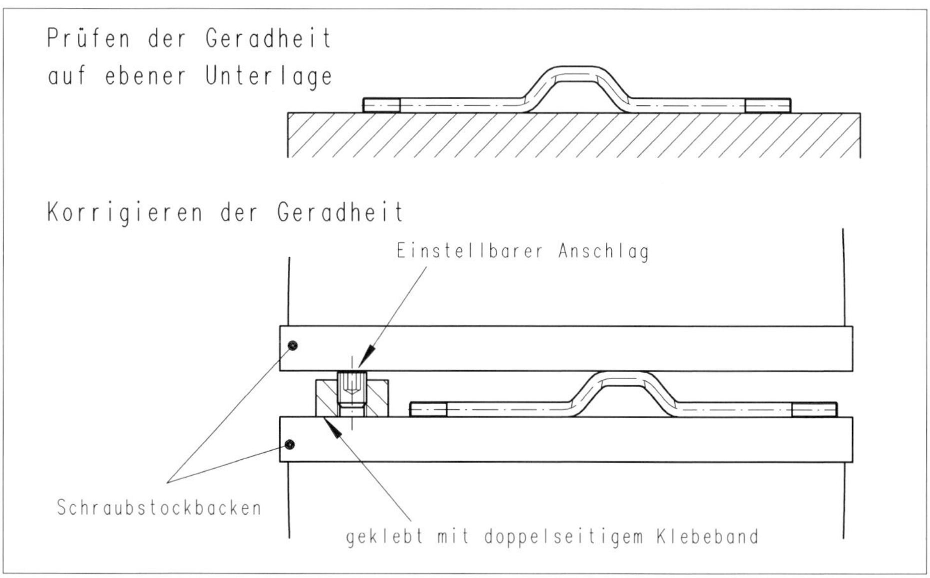

Bild 97: Kurbelwelle; Richten

Nach diesem Biegeschritt (insgesamt 8,5 mm) wird der Überstand des Biegestempels gemessen. Wahrscheinlich werden die 8,5 mm Biegeweg noch nicht ganz erreicht sein. Mit einem entsprechend angepassten Distanzstück kann dann die Biegung vollendet werden. Mit etwas Gefühl beim letzten Biegeschritt kann man aber auch auf das Anpassen des Distanzstücks verzichten.

Die Kurbelwelle wird aus der Biegevorrichtung entnommen und zur Kontrolle auf eine gerade Unterlage gehalten, so dass der gekröpfte Bereich senkrecht steht **(Abb. 38, oben)**. Wahrscheinlich werden die nicht gebogenen Endbereiche nur an den Enden aufliegen. In einem solchen Fall muss die Biegung etwas korrigiert werden. Dazu wird die Kurbelwelle direkt in den Schraubstock gespannt und die Biegung etwas zurückgedrückt **(Bild 97)**. Das muss mit viel Gefühl geschehen, ist aber beherrschbar. Wem das Richten der Kurbelwelle gar nicht glücken will, der kann ein einstellbares Distanzstück zwischen den Schraubstockbacken anordnen. Ein ca. 10 mm dickes Metallstück wird mit einem M8-Gewinde versehen und mit doppelseitigem Klebeband auf eine der Schraubstockbacken geklebt. Ein Gewindestift M8 × 10 („Madenschraube“) dient dann als einstellbarer Anschlag (Abb. 38, unten). Durch schrittweises Eindrehen des Gewindestiftes kann man sich der optimalen Einstellung für das Zurückbiegen nähern. Ich selbst habe das Distanzstück nicht benötigt.

7.16.3. Fertigbearbeiten der Kurbelwelle

Die endgültige Länge der Kurbelwelle wird bestimmt, indem alle zugehörigen Teile (Stehlager mit eingepresstem Lager, Kurbel, Schwungrad) am Gehäuse (1) montiert und die Kurbelwelle symmetrisch zwischen den Stehlagern ausgerichtet wird.

Bild 98:
Kurbelwelle;
Fräsen der Keilnut

Zwischen Schwungrad und Stehlager sowie zwischen Kurbel und Stehlager bleibt ein Zwischenraum von ca. 0,3 mm (Zeichenkarton, Visitenkarte etc. dazwischenlegen). Die überstehenden Enden der Kurbelwelle werden im Abstand von ca. 0,5 mm zum Schwungrad bzw. zur Kurbel markiert. Dazu wird mit einer Reißnadel oder einem scharfen Messer eine Linie eingeritzt. Mit einer geschlitzten Hülse Ø 4 × Ø 10 × 10 (vgl. Bild 14) wird die Kurbelwelle nahe der gekennzeichneten Stelle so ins Dreibackenfutter gespannt, dass der gekröpfte Bereich der Kurbelwelle zwischen zwei Backen zu liegen kommt. Nun kann das Kurbelwellenende durch Abstechen, Plandrehen und Fasen bearbeitet werden. Wenn das Dreibackenfutter für ein derartiges Einspannen zu klein ist, muss das Kürzen mit der Säge erfolgen.

Das Fräsen der Nuten für den Keil unter einem Winkel von 2,5° geschieht am einfachsten mit einer Spannvorrichtung, bei der der Winkel von 2,5° „eingebaut" ist (Plan Seite 2/**Bild 98**). Die Nut in der Kurbelwelle wird auf der hohen Seite der Spannvorrichtung gefräst. Für die Bearbeitung der anderen Kurbelwellenseite wird die Kurbelwelle um 180° gedreht.

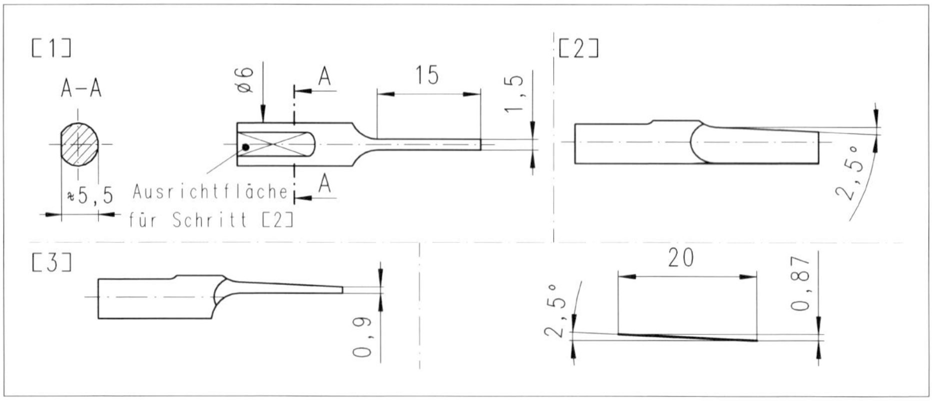

Abb. 39: Bearbeitungsreihenfolge; Keil (38, 39)

Die Nuten können entfallen, wenn die Kurbel und das Schwungrad mit Gewindestiften auf der Kurbelwelle befestigt werden.

7.17. Keil (38/39)

Die Keile habe ich aus St50-Rundmaterial Ø 6 mm gefertigt. Alternativ kann auch blanker Keilstahl 4 × 4 bis 6 × 6 (Werkstoff C45k) verwendet werden. Die Bearbeitungsreihenfolge ist aus **Abb. 39** zu ersehen. In Schritt **[2]** wird die 2,5°-Schräge gefräst **(Bild 99)**. Der Schraubstock wird um 2,5° gedreht auf dem Fräsmaschinentisch aufgespannt oder, falls er winkelverstellbar ist, auf einen Winkel von 2,5° eingestellt. Das exakte Ausrichten kann mit der Messuhr erfolgen. Die dazu nötigen Werte sind in Abb. 39 (unten, rechts) zu finden.

Bei Bearbeitungsschritt **[3]** muss der Keil seitlich gestützt werden **(Bild 100)**. Damit der Keil bei der Längenabstimmung besser zu handhaben ist, wird er vorerst nicht vom Einspannende abgetrennt.

Das Schwungrad wird auf die Kurbelwelle gesteckt und die Keilnuten werden zueinander ausgerichtet. Dann wird der Keil in die Nut gesteckt, wobei die schräge Seite zur Kurbelwelle zeigt. Wenn der Keil bis zum Ende der Kurbelwellennut gedrückt werden kann, muss er etwas gekürzt werden. Bei korrekter Länge muss der Keil das Schwungrad festsetzen und noch einen Abstand zum Ende der Kurbelwellennut von 0,6 bis 3 mm haben. Der Keil wird dann so vom Einspannende abgetrennt, dass er ca. 0,5 mm über das Ende der Kurbelwelle hervorsteht.

Auf der Seite der Kurbel verfährt man in gleicher Weise. Hier muss der Keil noch einen Abstand zum Ende der Kurbelwellennut von 0,6 bis 1 mm haben.

Die Keilverbindung wird getrennt, indem die Kurbelwelle in die Bohrung des Schwungrades bzw. der Kurbel gedrückt wird. Dabei löst sich der Keil.

7.18. Lager (32), (33), (34), (35)

Die Lager werden aus Ms58 hergestellt. Wenn die zugehörige Aufnahmebohrung gerieben wurde (H7), wird der Außendurchmesser des Lagers 0,02...0,03 mm größer als das Nennmaß gedreht. Bei einer Aufnahmebohrung 4H7 hat das Lager also

Bild 99: Keil; Fräsen der 2,5°-Schräge

Bild 100: Keil; Fräsen mit Abstützung

einen Außendurchmesser von 4,02...4,03 mm. Durch dieses Übermaß kann das Lager eingepresst werden.

Wenn die Aufnahmebohrung nicht so genau gefertigt wurde, kann man folgendermaßen vorgehen:

- Nach dem Zentrierbohren, Bohren und Reiben der Lagerbohrung wird die Bohrungskante mit einem kleinen Dreikantschaber oder einem Stück 320er-Schleifleinen bei laufender Spindel entgratet.
- Drehen eines Ansatzes, der im Durchmesser um ca. 0,2 mm größer als die Aufnahmebohrung und ungefähr 5 mm länger als das Lager ist.
- 1...2 mm am Anfang des Ansatzes werden auf einen Durchmesser abgedreht, der so gerade eben in die Aufnahmebohrung passt. Von dieser Einstellung wird der Drehmeißel 0,01...0,015 mm (Messuhr am Planschlitten!) zurückgezogen und es wird der restliche Bereich des Ansatzes gedreht.
- Der „Probeansatz“ wird entfernt und das Lager fertiggestellt.

Mit dem Abstechdrehmeißel nach Abb. 9 wird das Lager genau auf Maß abgestochen und dann die Bohrung auf der Abstechseite mit einem Dreikantschaber leicht entgratet. Die Kanten der Bohrung, in die das Lager eingepresst werden soll, werden mit einem von Hand gedrehten Kegelsenker leicht angesenkt (ca. 0,1 mm). Das Einpressen der Lager geschieht am einfachsten im Schraubstock. Die Backenführung des Schraubstocks muss allerdings so gut sein, dass die Backen beim

Schließen parallel zueinander bleiben. Falls die Lagerbohrung vor dem Einpressen schon sehr wenig Spiel gegenüber der zugehörigen Achse bzw. Welle hatte, kann es passieren, dass die Lagerbohrung nach dem Einpressen zu eng ist. In einem solchen Fall muss die Bohrung nochmals gerieben werden (Reibahle in Bohrfutter spannen und von Hand drehen).

7.19. Kleinteile

Die Kleinteile sind problemlos zu fertigen, erfordern aber scharfe Werkzeuge. Die dünnen Halbzeuge lassen sich auch im Dreibackenfutter gut spannen, wenn ein geschlitzter Zwischenring (Bild 14) verwendet wird. Wenn zum Abstechen der schmale Abstechdrehmeißel nach Abb. 9 eingesetzt wird, kann auf eine Bearbeitung der Abstechfläche meistens verzichtet werden.

7.20. Mitnehmer (23)

Der Mitnehmer wird aus Rundstahl Ø 6 mm gefertigt. Zuerst werden die beiden Flächen gefräst, dann erfolgt die Drehbearbeitung in einer Aufspannung. Nach dem Abstechen werden die Bohrungen gebohrt (Bild 16).

7.21. Schrauben, Muttern

Die Sechskante der Pleuelschrauben (28) haben eine Schlüsselweite von 3 mm. Da Sechskantstahl mit der Schlüsselweite 3 mm nicht handelsüblich ist, müssen die Sechskante gefräst werden.

Die Schrauben und Muttern mit Schlüsselweite 4 mm lassen sich am einfachsten aus blankem Sechskantstahl SW4 herstellen. Wer blanken Sechskantstahl mit dieser Schlüsselweite nicht auftreiben kann, muss die Schrauben und Muttern aus Rundmaterial herstellen:

[1] Nach dem Drehen des Schraubenschafts wird das Gewinde geschnitten.

[2] Dann wird das Werkstück ausgespannt und der Sechskant mit Hilfe des Rundtisches gefräst **(Bild 101)**. Dieser Schritt fällt bei Verwendung von Sechskantmaterial weg.

[3] Die Schraube wird abgestochen.

[4] Die Schraube wird in eine im Dreibackenfutter gespannte Gewindehülse geschraubt. Der Schraubenkopf wird auf Maß plangedreht.

[5] Die Fase wird so groß gedreht, dass sie bis an die Flächen des Sechskantes heranreicht.

Um die Schraubenherstellung etwas zu rationalisieren, kann man die einzelnen Bearbeitungsschritte jeweils an mehreren, mindestens 50 mm langen Stücken Rundmaterial ausführen (an beiden Enden).

Wer keinen Rundtisch hat, kann auch ein Stück Sechskantmaterial mit einer größeren Schlüsselweite mit einer zentrischen Längsbohrung versehen, in die das Rundmaterial für die Schrauben passt. Der nach Schritt **[1]** vorbereitete Schraubenrohling wird mit einem Gewindestift (Madenschraube) im großen Sechskant geklemmt. Der Sechskant wird im Schraubstock gespannt und dann eine Fläche des Schraubensechskantes gefräst. Dann wird der Sechskant um 60° gedreht eingespannt und die nächste Fläche gefräst usw.

Bild 101:
Schrauben; Fräsen 6-kt

7.22. Oberflächenbehandlung

7.22.1. Finishbearbeitung

Beim Drehen und Fräsen hinterlassen die Werkzeuge Spuren, die das Erscheinungsbild der Werkstücke stören. Das Entfernen der Spuren bedeutet in erster Linie Handarbeit. Schleifleinen der Körnung 240 ist recht gut geeignet. Der Materialabtrag ist ausreichend und es entstehen keine tiefen Schleifspuren. Das Schleifen enger Bereiche wie z.B. der Aussparungen beim Stehlager ist allerdings sehr zeitaufwendig.

Schneller geht es mit einem Fräsmotor (Bild 19). Insbesondere elastische Schleifkörper (Gummischleifkörper) eignen sich gut. Im Hobbybedarf sind diese aber zu teuer und meistens auch zu groß. Kleine Gummischleifkörper gibt es beim Dentalbedarf und beim Goldschmiedebedarf, allerdings zu teilweise recht hohen Preisen.

Ich habe einen selbstgebauten elastischen Schleifkörper benutzt. In ein 14 mm langes Stück Messingrohr Ø 4 × 0,5 wird als Spannschaft ein 35 mm langes Stück 3-mm-Messing-Rundmaterial 7 mm tief eingelötet. In die offene Seite des Messingrohrs wird ein eng gewickeltes Röllchen Schleifleinen gedrückt. Die Wickelrichtung wird dabei so gewählt, dass sie der Drehbewegung beim Schleifen entspricht. Das aufzuwickelnde Schleifleinen kann eine Breite zwischen 11 und 15 mm haben, so dass das Röllchen zwischen 4 und 8 mm aus der Messinghülse hervorsteht. Die Länge, die den Durchmesser des Röllchens bestimmt, wird so gewählt, dass das Röllchen fest in der Aufnahme sitzt.

Mit 240er-Schleifleinen erzielt man gute Ergebnisse. Die Standzeit des Schleifkörpers ist zwar nicht berauschend, dafür sind die Röllchen aber sehr schnell zu wechseln und kosten fast nichts. Auf jeden Fall geht die Arbeit wesentlich schneller als beim Schleifen von Hand und es sind auch enge Innenradien zu erreichen.

7.22.2. Gussstruktur (durch Sandstrahlen)

Viele Teile des Heißluftmotors sind in ihrer Form Gussteilen nachempfunden. Die typische Oberflächenstruktur einer unbearbeiteten Gussoberfläche kann durch Drehen und Fräsen selbstverständlich nicht erzeugt werden. Wer dennoch eine Gussstruktur haben möchte, kann die Teile strahlen. Dazu ist ein leistungsstarker Kompressor, eine Strahlpistole und Strahlmittel nötig. Als Strahlmittel darf auf keinen Fall Sand verwendet werden, da die beim Strahlen entstehenden Stäube gesundheitsschädlich sind. Nur silikosungefährliche Strahlmittel (Handelsname z.B. „Asilikos“) dürfen verwendet werden. Die von mir verwendete Körnung 0,09...0,25 mm erzeugt eine feine Struktur, die aber nur sichtbar bleibt, wenn die Teile nicht lackiert werden. Die Vorbehandlung durch Strahlen ergibt aber eine gute Haftung des Lacks bzw. der Grundierung. Wenn auch nach dem Lackieren noch eine Gussstruktur zu sehen sein soll, muss ein gröberes Strahlmittel gewählt werden. Der für das Strahlen einzustellende Luftdruck hängt u.a. von der verwendeten Strahlpistole und dem Strahlmittel ab und muss durch Versuche ermittelt werden. Selbstverständlich müssen beim Strahlen geeignete Schutzmaßnahmen (dichte Schutzbrille usw.) getroffen werden.

Alle Flächen, die nicht gestrahlt werden sollen, müssen sorgfältig und vor allem strahlfest abgedeckt werden. Nicht gestrahlt werden alle Flächen, die bei einem Gussteil bearbeitet werden würden, wie z.B. Montageflächen, Bohrungen für Lager usw.

7.22.3. Lackieren, Schwärzen usw.

Die Farbgestaltung des Heißluftmotors bleibt letztlich jedem Erbauer selbst überlassen. Auch die in Museen ausgestellten großen Motoren spiegeln den Einsatzzweck und manchmal auch die Einstellung des früheren Eigentümers zu seinem Motor wider. Reine Zwecklackierungen waren oft in schwarz ausgeführt. Ansonsten dominieren die Rot- und Grüntöne, die man auch an Lokomobilen und Dampfmaschinen findet.

Einen eigenen Reiz hat es, die Teile nicht zu lackieren oder sie teilweise nur zu schwärzen. Für das Schwärzen von Stahlteilen (Brünieren) und Messingteilen gibt es im Modellbauhandel und beim Waffenhändler spezielle Flüssigkeiten.

Wer Teile des Motors lackieren möchte, sollte vor dem Lackieren einen geeigneten Haftgrund nicht vergessen. Nicht lackiert werden Bereiche, die bei einem Gussteil bearbeitet werden würden. Da der Motor im Betrieb heiß wird (max. bis zur Siedetemperatur des Kühlwassers), ist mit Farbveränderungen zu rechnen.

7.23. Montage des Motors

Bei der Montage des Motors muss in erster Linie auf die Leichtgängigkeit aller beweglichen Teile geachtet werden. Falls eine Lagerstelle trotz Schmierung zu schwergängig ist und keine Möglichkeit zum Ausrichten besteht, muss die Lagerbohrung etwas vergrößert werden. Die geteilten Pleuellager können durchaus ein Spiel von 0,1 mm vertragen, ohne dass der Motor beim Lauf klappert. Die Beweglichkeit der Teile lässt sich am besten beurteilen, so lange das Kühlrohr mit dem Verdrängerzylinder noch nicht montiert ist.

Ein Gewinde zur Befestigung des Arbeitszylinders reicht bis in den Kühlwasserbehälter. Die in dieses Gewinde geschraubte Schraube muss mit Teflonband abgedichtet werden. Vor dem Einschrauben wird das Teflonband ca. zweimal stramm um das Schraubengewinde gewickelt. Die Wickelrichtung wird so gewählt, dass sich das Teflonband beim Drehen der Schraube in Einschraubrichtung um das Gewinde wickelt.

Bei der Montage der Kurbel und des Schwungrades auf der Kurbelwelle muss zu den Stehlagern ca. 0,3 mm Luft bleiben. Die Keile werden mit einem leichten Schlag in die Nut getrieben. Zur Demontage werden die Pleuel demontiert und dann die Stehlager mitsamt der Kurbelwelle vom Gehäuse abgeschraubt. Die Keilverbindung wird getrennt, indem die Kurbelwelle in die Bohrung des Schwungrades bzw. der Kurbel gedrückt wird. Dabei löst sich der Keil.

Die Zugstangen (24) und die Scheiben (37) werden mit einem ca. 0,8 mm starken Kupfer- oder Messing-Draht auf dem Mitnehmer (23) gesichert. Der Draht wird durch die Bohrung gesteckt und S-förmig gebogen. Dann werden die Drahtenden mit einem scharfen Elektronik-Seitenschneider gekürzt.

Die seitliche M4-Bohrung im Gehäuse wird mit einer Schraube oder mit einem kleinen Hahn verschlossen.

Die beiden O-Ringe werden gut gefettet. Am besten eignet sich Silikon-Fett für O-Ringe, zur Not kann Vaseline verwendet werden. Der O-Ring 25 × 1,5 wird in die Nut des Gehäuses eingelegt und der O-Ring 21 × 1,5 auf den Ansatz (Ø 21,8) des Kühlrohres aufgezogen. Die 15°-Einführschräge am Kühlrohr ist ebenfalls zu fetten. Der vom Kühlwasser umspülte Bereich darf nicht gefettet werden. Dann wird das Kühlrohr vorsichtig in das Gehäuse eingeschoben. Falls die Beschaffung der O-Ringe Schwierigkeiten macht, kann auch ein größerer O-Ring mit der gleichen Schnurstärke oder O-Ringschnur als Meterware verwendet werden. Die Schnur wird etwas mehr als einmal um ein Rundmaterial mit entsprechendem Durchmesser (21 mm bzw. 25 mm) gewickelt. Die Endbereiche der Schnur liegen dann nebeneinander. Mit einer sauberen und insbesondere fettfreien Rasierklinge wird senkrecht durch die beiden Endbereiche geschnitten. Der entstandene Abschnitt hat die gleiche Länge wie ein endloser O-Ring. Die Enden des Abschnittes werden mit einem kleinen Tropfen Sekundenkleber zu einem endlosen O-Ring verklebt.

Falls der Motor mit einer Unterlage oder Konsole verschraubt werden soll, werden Gewindebolzen von unten durch die Montagebohrungen gesteckt. Dann werden Sechskantmuttern in den Gehäuseaussparungen auf die Bolzen geschraubt.

8. Inbetriebnahme des Motors

Der Motor benötigt eine Wärmequelle zum Laufen. Diese erhitzt das Ende des Verdrängerzylinders und damit die Luft im Inneren. Als Wärmequelle eignen sich Spiritusbrenner (z.B. Fonduebrenner) oder auch Festbrennstoff (Esbit). Da eine offene Flamme vorhanden ist, dürfen sich auf keinen Fall brennbare Materialien in der Nähe befinden. Eine feuerfeste Unterlage bzw. Wanne (z.B. Backblech) sollte selbstverständlich sein.

Alle Lagerstellen werden mit einem dünnflüssigen Öl geschmiert.

Der Kühlwasserbehälter wird bis ca. 4 mm unter den Deckel mit Wasser befüllt. Der Spiritusbrenner wird so angeordnet, dass die Flamme das Ende des Verdrängerzylinders erhitzt. Nach einer gewissen Aufheizzeit muss der Motor in der vorgesehenen Drehrichtung am Schwungrad angeworfen werden. Bis der Motor selbstständig läuft, kann es insbesondere bei einem neuen Motor etwas Geduld erfordern.

Nach dem Laufen sollte das Wasser aus dem Kühlwasserbehälter entfernt werden. Das geht sehr schnell mit einer 20-ml-Einwegspritze. Anstelle einer Nadel wird ein dünnes Kunststoff-Röhrchen verwendet, wie es an manchen Öl-Sprühdosen zu finden ist. Damit erreicht man problemlos die tiefste Stelle des Kühlwasserbehälters.

Bild 102

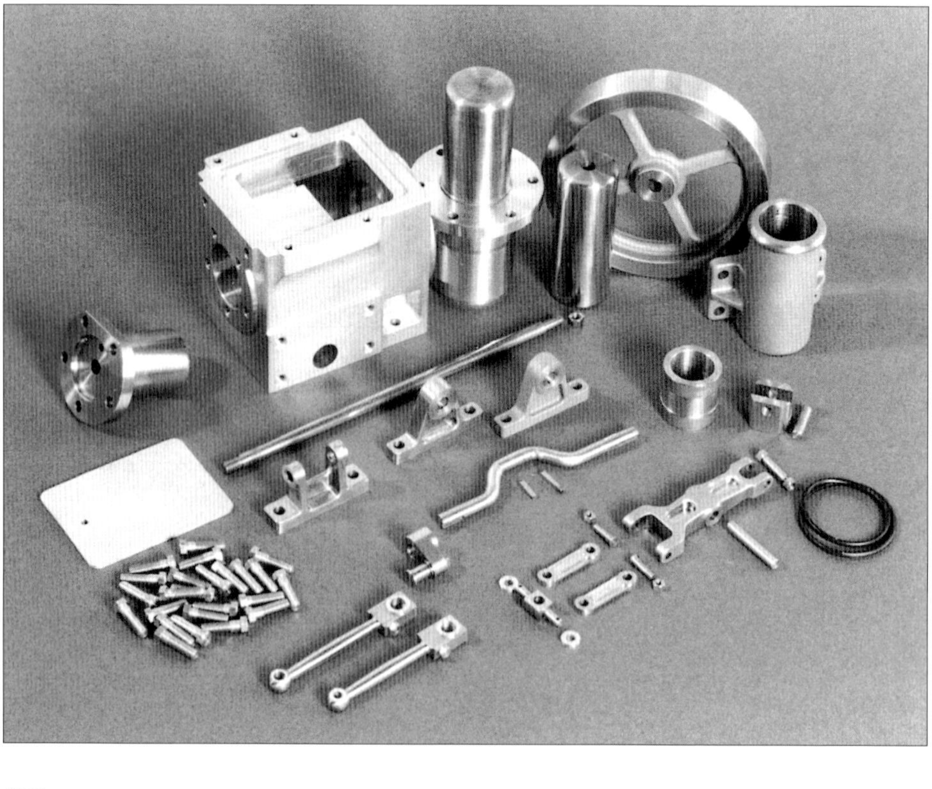

Bild 103: Geschafft!

9. Anhang

9.1. Stückliste

Anstelle der in der Stückliste angegebenen Werkstoffe können auch andere Werkstoffe eingesetzt werden. Dabei muss aber auf die Funktion der einzelnen Teile und auf die Anforderungen bei der Fertigung geachtet werden:

1) Der Automatenstahl 9SMn28 K kann durch eine andere Stahlsorte ersetzt werden. Für den Kolben (15) sollte der Stahl aber nicht zu weich sein.

2) Das Halbzeug für die Kurbelwelle muss möglichst gerade sein und sich gut biegen lassen.

3) Alle Teile, die mit dem Kühlwasser in Berührung kommen, müssen korrosionsbeständig sein.

4) Die Werkstoffe des Arbeitszylinders (6) und des Kolbens (15) müssen so aufeinander abgestimmt sein, dass beim Betrieb des Motors kein Klemmen auftritt (Temperatur!).

Stückliste

Pos.-Nr.	Benennung	Menge	Halbzeug	DIN	Abmessung	Länge (mm)	Werkstoff	Material-Liste Nr.	Zeichnung Arbeitsablauf/ ergänzende Zeichnungen
1.	Gehäuse	1	Vierkantstange	1761	50x50	72	Ms58	16	Plan, Seite 2
2.	Lagerbock	1	blanker Flachstahl	174	20x8	32	St37 K	7	Abb. 25
3.	Stehlager	1	blanker Flachstahl	174	20x6	32	St37 K	10	Plan, Seite 2
4.	Umlenkhebel	1	blanker Flachstahl	174	20x8	47	St37 K	7	Plan, Seite 2
5.	Schwungrad	1	Rundstange		Ø 70	12	GG25	17	Plan, Seite 2
6.	Arbeitszylinder	1	Rundstange		Ø 40	62	GG25	18	Plan, Seite 2
7.	Lagerdeckel	1	Rundstange		Ø 35	50	GG25	19	
8.	Kurbelwelle	1	blanke Stahlwelle	669	Ø 4	125	St37 K	3	Plan, Seite 2
9.	Pleuelstange, Arbeitskolben	1	blanker Rundstahl	668	Ø 8	69	9SMn28 K	2	Abb. 33
10.	Pleuelstange, Verdränger-kolben	1	blanker Rundstahl	668	Ø 8	66	9SMn28 K	2	Abb. 33
11.	Lagerhalter	2	blanker Flachstahl	174	8x4		St37 K	11	Abb. 35
12.	Kolbenstange	1	polierter Rundstahl blanke Stahlwelle	175 669	Ø 4	115	1.2210 St37 K	3	
13.	Kühlrohr	1	Rundstange	1756/ 1782	Ø 40	60	Ms58	14	Plan, Seite 2
14.	Lagerstück	1	blanker Rundstahl	668	Ø 13	30	9SMn28 K	1	
15.	Kolben	1	blanker Rundstahl blanker Rundstahl	668	Ø 18	40	St50 K 9SMn28 K	1	
16.	Deckel	1	Blech	1751	1	45x35	Ms58	20	
17.	Verdrängerkolben	1	blanker Rundstahl	668	Ø 18	72	1.4104	8	Plan. Seite 2
18.	Deckel	1	blanker Rundstahl	668	Ø 18		9SMn28 K	1	Plan, Seite 2
19.	Verdränger-zylinder	1	Präzisionsstahlrohr, nahtlos	2391	Ø 20x1	50	St35 BK	13	Plan, Seite 2
20.	Kurbel	1	blanker Rundstahl	668	Ø 20	35	9SMn28k	1	Abb. 36
21.	Lagerbolzen	2	blanker Rundstahl polierter Rundstahl	668 175	Ø 3		St50 K 1.2210	6	
22.	Kurbelzapfen	1	blanker Rundstahl	668	Ø 6		St50 K	6	
23.	Mitnehmer	1	blanker Rundstahl	668	Ø 6		St50 K	6	
24.	Zugstange	2	blanker Flachstahl	174	5x2	22	St37 K	12	Abb. 37
25.	Sechskantmutter M2	4	blanker Rundstahl	668	Ø 4		9SMn28 K	3	
26.	Sechskantmutter M3, flach	1	blanker Sechskantstahl blanker Rundstahl	176 668	SW4 Ø 5		9SMn28 K 9SMn28 K	7	
27.	Sechskantmutter M3	1	blanker Sechskantstahl blanker Rundstahl	176 668	SW4 Ø 5		9SMn28 K 9SMn28 K	7	Plan, Seite 2
28.	Sechskantschraube M2	2	blanker Rundstahl	668	Ø 4		9SMn28 K	3	Plan, Seite 2
29.	Sechskantschraube M3	21	blanker Sechskantstahl blanker Rundstahl	176 668	SW4 Ø 5		9SMn28 K	7	Plan, Seite 2
30.	Achse	1	blanke Stahlwelle polierter Rundstahl	669 175	Ø 2.5 Ø 2.5	17	St37 K 1.2210	5	
31.	Achse	1	blanke Stahlwelle polierter Rundstahl	669 175	Ø 3		St37 K 1.2210	4	
32.	Lager; Pleuelstange V	1	Rundstange	1756	Ø 5		Ms58	15	
33.	Lager; Pleuelstange A	1	Rundstange	1756	Ø 5		Ms58	15	
34.	Lager; Umlenkhebel	2	Rundstange	1756	Ø 5		Ms58	15	
35.	Lager; Kurbelwelle	2	Rundstange	1756	Ø 7		Ms58	15	
36.	Lager; Pleuel	2	Rundstange	1756	Ø 7		Ms58	15	
37.	Scheibe	2	Rundstange	1756	Ø 6		Ms58	15	
38.	Keil; Kurbel	1	blanker Rundstahl blanker Keilstahl	688 6880	Ø 6 5x5/6x6	38	St50k C45k	6	Abb. 39
39.	Keil; Schwungrad	1	blanker Rundstahl blanker Keilstahl	688 6880	Ø 6 5x5/6x6	38	St50 K C45k	6	Abb. 39
40.	Kolbenbolzen	1	blanke Stahlwelle polierter Rundstahl	669 175	Ø 3	14	St37 K 1.2210	4	
41.	O-RIng 21x1,5-NBR70	1							
42.	O-RIng 25x1,5-NBR70	1							

Anmerkungen:

1 Längen sind nicht angegeben, wenn das Werkstück „von der Stange" gefertigt wird.

2 Blanker Rundstahl Ist nicht in allen möglichen Kombinationen aus Werkstoff und Toleranz erhältlich. Es kann problemlos auf ein enger toleriertes Halbzeug ausgewichen werden, z.B. Ersatz für DIN 688: DIN 669; DIN 670: DIN 671, DIN 175, DIN 5360, DIN 59361

3 Ms58 = alte, aber noch gebräuchliche Bezeichnung für CuZn39Pb3 und CuZn40Pb2

9.2. Werkstoffliste (reduzierte Anzahl von Halbzeugabmessungen)

Nr.	Halbzeug	DIN	Abmessung	Werkstoff	Länge
1	blanker Rundstahl	668	Ø 20	9SMn28 K	130
2	blanker Rundstahl	668	Ø 8	9SMn28 K	140
3	blanke Stahlwelle	669	Ø 4	St37 K	300
4	blanke Stahlwelle	669	Ø 3	St37 K	50
5	blanke Stahlwelle	669	Ø 2,5	St37 K	20
6	blanker Rundstahl	671	Ø 6	St5Ok	150
7	blanker Sechskantstahl oder blanker Rundstahl	176 668	SW4 Ø 5	9SMn28 K 9SMn28 K	400 600
8	blanker Rundstahl	668	Ø 18	1.4104	72
9	blanker Flachstahl	174	20x8	St37 K	80
10	blanker Flachstahl	174	20x6	St37 K	64
11	blanker Flachstahl	174	8x4	St37 K	32
12	blanker Flachstahl	174	5x2	St37 K	50
13	Präzisionsstahlrohr, nahtlos	2391	Ø 20x1	St35 BK	50
14	Rundstange	1756/ 1782	Ø 40	Ms58	60
15	Rundstange	1756	Ø 7	Ms58	150
16	Vierkantstange	1761	50x50	Ms58	72
17	Rundstange		Ø 70	GG25 (Strangguss)	12
18	Rundstange		Ø 40	GG25 (Strangguss}	62
19	Rundstange		Ø 35	GG25 (Strangguss)	50
20	Blech	1751	1	Ms58	45x35

Mit den angegebenen Längen ist ein Bau des Heißluftmotors möglich. Es empfiehlt sich aber, von den kleineren Querschnitten bis Ø 10 bzw. 20 × 8 größere Längen zu kaufen. Die Werkstoffe St37 K, St50 K und 9SMn28 K sind recht preiswert, so dass keine nennenswerten Kosten entstehen. Beim Einkauf im Stahlhandel wird man sowieso auf Unverständnis stoßen, wenn man beispielsweise ein 50 mm langes Stück Flachstahl 5 × 2 verlangt. Selbst eine ganze Stange von 6 m Länge bringt nur 480 g auf die Waage und kostet weniger als eine Schachtel Zigaretten – es ist also kein Luxus, 1 m zu kaufen. Insbesondere die für die Kurbelwelle benötigte Abmessung sollte nicht zu knapp eingekauft werden.

Das Präzisionsstahlrohr Ø 20 × 1 kostet ca. 5 EUR/m, so dass man auch hier nicht auf den letzten Millimeter achten muss.

Grauguss und Messing kann man über den NE-Metallhandel beziehen. Die Pos. 16 bis 19 sollten in der benötigten Länge gekauft werden.

9.3. Halbzeug-Normen

DIN	
668	blanker Rundstahl, Toleranzfeld h11
669	blanke Stahlwellen, Toleranzfeld h9
670	blanker Rundstahl, Toleranzfeld h8
671	blanker Rundstahl, Toleranzfeld h9
175	polierter Rundstahl, Toleranzfeld h9
59360	geschliffen-polierter blanker Rundstahl, Toleranzfeld h7
59361	geschliffen-polierter blanker Rundstahl, Toleranzfeld h6
174	blanker scharfkantiger Flachstahl
176	blanker Sechskantstahl
178	blanker Vierkantstahl
6880	blanker Keilstahl (für Paßfedern usw.)

9.4. Werkzeugwinkel-Schnittgeschwindigkeiten

Längs- und Plandrehen mit HSS-Drehmeißeln

Werkstoff	Freiwinkel [°]	Spanwinkel [°]	Schnittgeschwindigkeit [m/min]
St37	6...8	14...20...26	45...60
St50	6...8	12...16...20	40...50
St60	6...8	10...14...18	35...45
Automatenstahl	8...10	12...16...20	40...90
Werkzeugstahl	6...8	4...6...10	10...30
Grauguss GG25	6...8	4...8...12	10...30
rost- u. säurebest.Stähle	6...8...10	8...10...16	25...55
Kupfer F24	6...10...15	18...26...30	30...90
Ms58	6...8...10	0...2...5	100...200
Ms63 weich	6...10...15	12...16...27	50...100
Rotguss hart	6...8	0...8...12	30...90
Bronze hart	6...8	0...2...5	30...80
AlCuMgPb, AlCuMgBi	6...8...10	0...6...10	100...200
POM	5...10	0...5	200...500
PA	5...15	0...10	200...500
PVC hart	5...10	0...5	200...500
PE, PP	5...15	0...10	200...500
PMMA (Plexiglas)	5...10	0...5	200...300

Fräsen mit unbeschichteten HSS-/Co-Fräsern

Die Angaben für die Schnittgeschwindigkeit sind als Obergrenze zu verstehen. Ohne Kühlung sollten die Fräser mit diesen Werten nur bei Schlichtarbeiten eingesetzt werden.

In vielen Fällen kann man nur eine sehr geringe Vorschubgeschwindigkeit realisieren, so dass sich ein zu geringer Zahnvorschub ergibt – die Fräserzähne schaben dann mehr als dass sie schneiden. Die Folge ist ein schneller Verschleiß des Fräsers. In diesen Fällen muss die Schnittgeschwindigkeit reduziert werden.

Werkstoff	**Schnitt-geschwindigkeit [m/min]**	**Drehzahl in min^{-1} für Fräser – Ø**			
		2	3	4	5
St37, SMn28	24...36	3820	2550	1910	1530
St50, C45	20...32	3180	2120	1590	1270
Grauguss GG 25	18...32	2860	1910	1430	1150
Werkzeugstahl 1.2210	18...25	2860	1910	1430	1150
1.4104,1.4305	18...25	2860	1910	1430	1150
Ms58	40...90	6360	4240	3180	2550
AlCuMgPb	70...120	11140	7430	5570	4460

Anmerkung: Die Drehzahlen wurden für die jeweils niedrigste Schnittgeschwindigkeit errechnet.

Bohren mit HSS-Spiralbohrern

Werkstoff	**Schnitt-geschwindigkeit [m/min]**	**Drehzahl in min^{-1} für Bohrer – Ø**			
		2	3	4	5
St37, SMn28	30...45	4770	3180	2390	1910
St50, C45	25...35	3980	2650	1990	1590
Grauguss GG 25	15...25	2390	1590	1190	950
Werkzeugstahl 1.2210	10...15	1590	1060	800	640
rost- u. säurebest. Stähle	8...14	1270	850	640	510
Ms58	60...100	9550	6370	4770	3820
AlCuMgPb	40...70	6370	4240	3180	2550

Anmerkung: Die Drehzahlen wurden für die jeweils niedrigste Schnittgeschwindigkeit errechnet.

Reiben mit HSS/E Maschinenreibahlen

Werkstoff	Schnitt-geschwindigkeit [m/min]	Drehzahl in min^{-1} für Reibahlen – Ø			
		2	3	4	5
St37, SMn28	10...15	1590	1060	800	640
St5O, C45	8...12	1270	850	640	510
Grauguss GG 25	4...8	640	420	320	250
Werkzeugstahl 1.2210	6...8	950	640	480	380
rost- u. säurebest. Stähle	4...8	640	420	320	250
Ms58	12...20	1910	1270	950	760
AlCuMgPb	15...25	2390	1590	1190	950

Anmerkung: Die Drehzahlen wurden für die jeweils niedrigste Schnittgeschwindigkeit errechnet.

Untermaße (Reibzugabe) für das Reiben mit Maschinenreibahlen

Bohrungsdurchmesser [mm]	Reibzugabe [mm]
bis 2	bis 0,1
2...5	0,1...0,2
5...10	0,2
10...20	0,2...0,3

Kernlochdurchmesser

Gewinde	Steigung [mm]	Kernlochdurchmesser [mm]
M2	0,40	1,6
M2,5	0,45	2,05
M3	0,50	2,5
M4	0,70	3,3
M5	0,80	4,2
M6	1,00	5,0
M8	1,25	6,8
M10	1,50	8,5